Rakesh Kumar Mukhia
Bajarangi Lal Chaudhary

Pneumonia associada à ventilação mecânica

Rakesh Kumar Mukhia
Bajarangi Lal Chaudhary

Pneumonia associada à ventilação mecânica

Perfil bacteriológico e de resistência a antibióticos

ScienciaScripts

Cover image: www.ingimage.com

This book is a translation from the original published under ISBN 978-620-8-17168-1.

Publisher:
Sciencia Scripts
is a trademark of
Dodo Books Indian Ocean Ltd. and OmniScriptum S.R.L publishing group

120 High Road, East Finchley, London, N2 9ED, United Kingdom
Str. Armeneasca 28/1, office 1, Chisinau MD-2012, Republic of Moldova, Europe
Printed at: see last page
ISBN: 978-620-8-25914-3

Conteúdo

1 INTRODUÇÃO

A Pneumonia Associada à Ventilação (PAV) é um subtipo de pneumonia adquirida no hospital (PAH) que ocorre em doentes que estão a receber ventilação mecânica (VM) (com um tubo endotraqueal ou um tubo de traqueostomia) durante pelo menos 48 horas ou mais[1] as
mostrado abaixo **(Fig. 1)**.

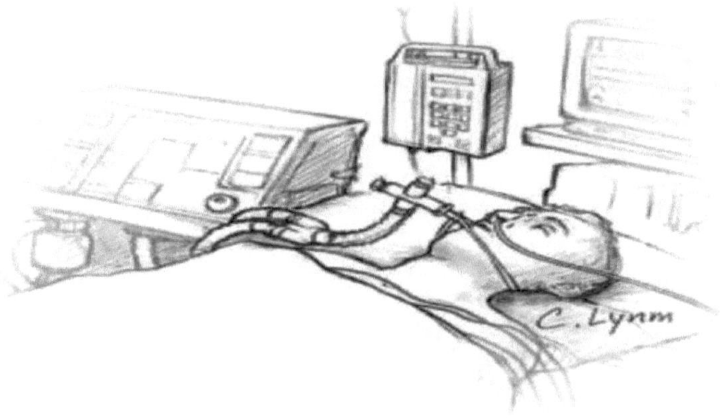

Fig. 1: Doente em ventilação mecânica.

A Pneumonia Associada à Ventilação é classificada em 2 tipos. A PAV de início precoce e a PAV de início tardio. A PAV de início precoce, que ocorre durante os primeiros 4 dias de VM, é geralmente menos grave, está associada a um melhor prognóstico e tem maior probabilidade de ser causada por bactérias sensíveis a antibióticos. A PAV de início tardio, que se desenvolve após 5 dias ou mais após o início da VM, é causada por agentes patogénicos multirresistentes (MDR) e está associada a um aumento da taxa de morbilidade e mortalidade .[2]
A colonização das vias aéreas superiores é considerada um fator predisponente importante para o desenvolvimento de PAV. As secreções do trato respiratório inferior obtidas por broncoscopia podem diagnosticar com precisão os agentes patogénicos. No entanto, pode fazê-lo demasiado tarde no decurso da
A cultura de aspirados endotraqueais (AE) é mais fiável, uma vez que é menos invasiva e pode ser obtida numa fase precoce do curso da infeção. Por conseguinte, a cultura de aspirados endotraqueais (AE) é mais utilizada, uma vez que é menos invasiva e pode ser obtida numa fase precoce do curso da infeção. As culturas de rotina do aspirado endotraqueal de doentes em estado crítico nas UCI podem ser preditivas dos doentes que apresentam um risco elevado de doença invasiva e podem orientar a seleção da terapêutica empírica adequada com base nos agentes patogénicos predominantes identificados nestas culturas, em caso de desenvolvimento de PAV .[3]
As taxas de mortalidade em doentes com PAV variam entre 20 e 50% e podem atingir mais de 70% quando a infeção é causada por agentes patogénicos multirresistentes e invasivos. A incidência de mortalidade atribuível à PAV é difícil de quantificar devido ao possível efeito de confusão de condições associadas, mas pensa-se que a PAV aumenta a mortalidade da

doença subjacente em cerca de 30%. A PAV está também associada a uma morbilidade considerável, incluindo o prolongamento do tempo de permanência na UCI, o prolongamento da ventilação mecânica e o aumento dos custos de hospitalização .[4]

A PAV continua a complicar a evolução dos doentes submetidos a ventilação mecânica, apesar dos grandes avanços nas técnicas de diagnóstico e tratamento. A PAV exige um diagnóstico rápido e o início de um tratamento antibiótico adequado, uma vez que muitos estudos demonstraram o efeito adverso de um tratamento antibiótico inadequado no prognóstico dos doentes. A deteção do organismo causador é crucial para o diagnóstico da PAV. Isto é feito através de investigação microbiológica em que as amostras (broncoscópicas/não broncoscópicas) obtidas do trato respiratório inferior são cultivadas quantitativa ou semi-quantitativamente. A maior dificuldade desta abordagem reside na obtenção de amostras do trato respiratório inferior, principalmente devido à sua provável contaminação com a flora das vias respiratórias superiores, o que pode resultar numa interpretação incorrecta das culturas .[5]

As diretrizes da Sociedade Torácica Americana (ATS) recomendam a realização de culturas quantitativas em aspirados endotraqueais ou em amostras colhidas por via broncoscópica ou não broncoscópica. Na maioria dos hospitais da Índia, as culturas qualitativas ou semi-quantitativas de aspirados endotraqueais são efectuadas por rotina para o tratamento da PAV. A confiança em culturas semiquantitativas, que podem não separar de forma fiável os verdadeiros agentes patogénicos dos colonizadores, pode levar a uma terapia antibiótica de espetro maior ou mais amplo do que com uma abordagem quantitativa. Por conseguinte, as culturas quantitativas são preferidas às culturas semiquantitativas para o diagnóstico de PAV. A PAV também pode ser gerida através da abordagem clínica, que sublinha a terapia antibiótica empírica imediata para todos os doentes com suspeita de PAV. A presença de pneumonia é definida por um infiltrado radiográfico novo ou progressivo e pelo menos 2 de 3 caraterísticas clínicas (temperatura $>38^{\circ}$ C / $<35^{\circ}$ C, leucocitose / leucopenia e secreções traqueais purulentas) .[5]

2 REVISÃO DA LITERATURA

Pneumonia associada à ventilação mecânica:

Incidência:

A pneumonia associada à ventilação mecânica (PAV) é a infeção mais frequente adquirida nas unidades de cuidados intensivos (UCI), com uma incidência que varia entre 6 e 52%. Vários estudos demonstraram que os doentes em estado crítico correm um risco elevado de contrair estas infecções nosocomiais. A incidência de PAV varia consoante os diferentes estudos. A pneumonia adquirida no hospital (PAH) e a pneumonia associada à ventilação mecânica (PAV) representaram a segunda infeção nosocomial mais comum, afectando cerca de 27% de todos os doentes em estado crítico na Vigilância Nacional de Infecções Nosocomiais dos Estados Unidos, que envolveu mais de 14 000 doentes de UCI .[2]

Agentes etiológicos:

O agente etiológico varia consoante a população de doentes, a unidade, o hospital ou o país. Os organismos que causam a PAV e o seu padrão de suscetibilidade podem não só variar de unidade para unidade, mas também numa dada unidade ao longo do tempo. As causas microbianas comuns e invulgares de PAV documentadas por vários investigadores são enumeradas na **Tabela 1**. Esses agentes podem fazer parte da flora endógena do hospedeiro ou podem ser adquiridos de outros pacientes, profissionais de saúde, dispositivos ou do ambiente hospitalar.

A PAV de início precoce é frequentemente causada por Staphylococcus aureus, Streptococcus pneumoniae, Haemophilus influenzae, enquanto a PAV de início tardio é mais frequentemente causada por Pseudomonas aeruginosa multirresistente, espécies de Acinetobacter ou Enterobacter, ou Sta[hylococcus aureus resistente à meticilina (MRSA).

Tabela 1. Agentes microbianos que causam a PAV .[2]

Causas comuns	Causas raras/incomuns
Cocos Gram positivos	Bacilos Gram positivos
Staphylococcus aureus	Espécies de Corynebacterium (difteróides)
Pneumonia por Streptococcus	Listeria monocytogenes
Outros estreptococos	Espécies de Nocardia
Estafilococos coagulase negativos	Bacilos Gram-negativos aeróbios
Enterococos	Espécies de Serratia
Bacilos Gram-negativos aeróbios	Hafnia alvei
Bacilos Gram-negativos entéricos	Stenotrophomonas maltophilia
Escherichia coli Espécies de Klebsiella	Burkholderia cepacia
Espécies de Enterobacter Espécies de	Cocos Gram-negativos
Proteus Espécies de Citrobacter	Espécies de Neisseria
Não fermentativo	Espécies de Moraxella
Bacilos Gram-negativos Pseudomonas	Bactérias anaeróbias
spp. Acinetobacter spp.	Bacilos
Haemophilus influenzae Fungos	Espécies de Bacteroides
Espécies de Candida	Espécies de Fusobacterium
	Espécies de Prevotella
	Espécies de Actinomyces
	Cocci
	Espécies de Veillonella

Peptostreptococos
Bactérias atípicas
Espécies de Legionella
Mycoplasma pneumoniae
Chlamydia pneumoniae
Fungos
Espécies de Aspergillus e outros bolores
Pneumocystis jirovecii
Vírus
Gripe e outros vírus respiratórios
Vírus do herpes simplex
Citomegalovírus
Causas diversas
Mycobacterium tuberculosis

ETIOLOGIA DA PNEUMONIA ASSOCIADA À VENTILAÇÃO MECÂNICA :[6]

Patogénico	**Frequência (%)**
Pseudomonas aeruginosa	24.4
Espécies de Acinetobacter	7.9
Stenotrophomonas maltophila	1.7
Enterobacteriaceae	14.1
Espécies de Haemophilus	9.8
Staphylococcus aureus	20.4
Espécies de Streptococcus	8.0
Staphylococci coagulase negativa	4.1
Espécies de Neisseria	1.4
Anaeróbios	0.9
Fungos	0.9
Outros (<1% cada)	3.8

A pneumonia adquirida no hospital é a infeção adquirida no hospital mais letal, o que levou muitas autoridades a chamar-lhe "broncopneumonia terminal" em 1960 .[7]

A maior parte das pneumonias adquiridas em meio hospitalar são causadas por organismos colonizadores do trato respiratório superior por contacto direto, quer se trate de Pseudomonas aeruginosa nas mãos dos prestadores de cuidados de saúde ou de equipamentos, por exemplo, tubo endotraqueal, tubos de ventilação mecânica, aspiração pulmonar de inóculos do trato respiratório superior para os pulmões .[7]

Os factores específicos associados à colonização da orofaringe por bactérias Gram-negativas são a doença pulmonar, hepática, renal ou cardíaca grave, a diabetes mellitus, o alcoolismo, o estado mental alterado, incluindo o coma e as entubações endotraqueais. A colonização do estômago pode ser um passo importante na patogénese da pneumonia adquirida no hospital, a aspiração de secreções gástricas com pneumonias Gram-negativas. A diminuição da motilidade gástrica e a utilização de fármacos para neutralizar o meio normalmente ácido do estômago, para evitar hemorragias gastrointestinais superiores, permitem a proliferação de bactérias intestinais indígenas.

O aumento do pH gástrico está diretamente correlacionado com a concentração de bactérias

.[8]

As causas bacterianas mais comuns da pneumonia adquirida em meio hospitalar são as bactérias Gramnegativas em 50% a 70% dos casos, sendo os organismos predominantes a Pseudomonas aeruginosa e várias espécies de Enterobacter, incluindo espécies de Acinetobacter, Klebsiella, E. coli, Citrobacter, Staphylococcus aureus e espécies de Streptococcus, responsáveis por 15% a 30% da pneumonia adquirida em meio hospitalar. Estes organismos são responsáveis por cerca de 60% de todos os casos de pneumonia .[8]

Factores de risco para a PAV:

Os vários factores de risco para o desenvolvimento de PAV documentados em diferentes estudos estão listados na **Tabela 2** abaixo. Os seguintes foram demonstrados como factores de risco independentes para o desenvolvimento de PAV através de análise multivariada em diferentes estudos[2] : **Tabela 2. Factores de risco para a PAV.**

Factores do hospedeiro	Factores de intervenção
Colonização orofaríngea	Intubação de emergência
Colonização gástrica	Re-intubação
Lesões térmicas (queimaduras)	Traqueostomia
Pós-traumático	Broncoscopia
Pós-cirúrgico	Sonda nasogástrica
Perda de consciência	Duração do internamento hospitalar/do internamento na UCI
Imunossupressão	Inserções múltiplas de linhas venosas centrais
Falência de órgãos	Sedativos
Sinusite	Profilaxia das úlceras de stress
Gravidade da doença subjacente	Antibióticos prévios/sem profilaxia antibiótica
Idade avançada (>60 anos)	Imunossupressores (Corticosteróides)
Presença de comorbilidades	Posição da cabeça em decúbito dorsal

VM = ventilação mecânica; UCI = unidade de cuidados intensivos.

BACTERIOLOGIA DO VAPOR:

Os organismos responsáveis pela PAV variam consoante o caso, a instituição, a exposição prévia a antibióticos, os padrões de resistência locais, a duração da ventilação mecânica e os métodos de diagnóstico específicos utilizados. Várias séries publicadas revelam que as bactérias aeróbias gram-negativas são os isolados mais comuns. Entre elas, predominam as espécies Pseudomonas aeruginosa e Acinetobacter, seguidas das espécies Escherichia coli, Klebsiella, Enterobacter e Citrobacter [6].

Alguns investigadores relataram que as bactérias gram-positivas estão a tornar-se cada vez mais comuns, sendo o Staphylococcus aureus o isolado gram-positivo predominante. A taxa de infeção polimicrobiana na PAV tem sido repetidamente enfatizada. Foi documentada uma taxa de infeção polimicrobiana de 40% a 60% .[9-11]

Espécies de Klebsiella:

A Klebsiella pneumoniae foi proposta por Friedlander como uma causa comum de pneumonia lobar porque produzia pneumonia confluente de distribuição lobar. A pneumonia por Klebsiella é normalmente causada por K. pneumonia (bacilo de Friedlander) e menos frequentemente por K. oxytoca. É o segundo membro mais popular da flora bacteriana aeróbica dos intestinos humanos. Tornou-se uma causa muito importante de infecções nosocomiais [12].

As espécies de Klebsiella representam normalmente 1 a 2% dos organismos patogénicos isolados em pneumonia aguda e cerca de 8% em doentes idosos e debilitados[12] . Numa série, a K. pneumonia foi isolada em 10 dos 110 isolados de Klebsiella, em comparação com a K. oxytoca, que foi muito menos frequentemente isolada .[13]
As Klebsiella também foram isoladas de aspirados transtraqueais e Kurashi et al registaram uma incidência de 1,6%. Mertz et al, em 1966, relataram um surto de 5 casos de pneumonia fatal por Klebsiella numa única enfermaria. O agente causador da K. pneumonia tipo 2, com uma resistência invulgar aos medicamentos antimicrobianos, foi cultivado a partir de uma solução de aerossol utilizada no nebulizador do equipamento IPPB[14] . Waldemer et al, em 1972, registaram 13% de incidência de K. pneumonia, de um total de 22,1% de doentes colonizados[15] . Barlett et al, em 1986, registaram uma incidência de 25% de espécies de Klebsiella isoladas em cultura pura a partir de aspirados transtraqueais e 265 em hemoculturas .[16]

Espécies de Pseudomonas:

Um agente causador comum de pneumonia nosocomial é a Pseudomonas aeruginosa. Outros membros do género que podem causar pneumonia incluem P. mallei. P. pseudomallei, P. maltophila e P. cepatia. As epidemias hospitalares de infeção por Pseudomonas ocorrem devido à sua afinidade com a humidade, como ventiladores mecânicos, equipamento de nebulização, peles e até soluções desinfectantes. A aspiração de colonizadores orofaríngeos para o pulmão causa infeção. Alguns casos de pneumonia estão associados a bacteriémia, mas mesmo neste caso os organismos chegam aos pulmões primeiro por aspiração .[13]
A Pseudomonas só perde para a Klebsiella como causa de pneumonia adquirida no hospital, sendo responsável por cerca de 12% dos casos[13] . Tilloston et al analisaram os casos de pneumonia por Pseudomonas no hospital geral de Detroit e verificaram que 9 em cada 10 casos tinham doença cardíaca e/ou pulmonar grave e que a mortalidade era muito elevada, ou seja, 80%. Cross e Roup encontraram pseudomonas e Klebsiella como agentes patogénicos predominantes[17] . Merchant Karnad et al registaram uma incidência de 44% em casos de pneumonia nosocomial. A Pseudomonas também foi isolada juntamente com a Acinetobacter em doentes entubados com pneumonia nosocomial[18] . Também foi encontrada como causa de infeção bacteriana mista em caso de bacreremia polimicrobiana .[19]
Bernett et al referiram a pneumonia por Pseudomonas em 5% dos 13 casos de pneumonia adquirida no hospital e também a isolaram numa cultura pura da ETA[16] . Johanson et al relataram que, de 30 pacientes colonizados com Pseudomonas aeruginosa, 5 (17%) desenvolveram pneumonia nosocomial .[20]
Verificou-se que a Pseudomonas é um contaminante de tubos de traqueostomia, cateteres de sucção, nebulizadores de reservatório e de jato e soluções de limpeza utilizadas na terapia por inalação, o que se deve à resistência natural do organismo a agentes químicos, anti-sépticos e desinfectantes comuns. Das pneumonias gram-negativas, as causadas por Pseudomonas aeruginosa têm a mortalidade mais elevada e são as mais difíceis de erradicar. A taxa de mortalidade aumenta para 43% quando o agente causador é a Pseudomonas aeruginosa ou espécies de Acinetobacter; Lannini et al encontraram leucopenia na maioria dos casos .[21]

Espécies de Acinetobacter:

As espécies de Acinetobacter são o agente etiológico estabelecido na pneumonia adquirida na comunidade e na pneumonia adquirida nosocomialmente[10] . As espécies de Acinetobacter são saprófitas de vida livre na água e no solo e são transportadas comensalmente nas vias respiratórias superiores de até 7% das pessoas normais. Parecem ser de baixa patogenicidade, mas podem causar infecções oportunistas, incluindo pneumonia[13] . São transmitidos pelas mãos do pessoal ou pela utilização de reservatórios de nebulizadores e broncoscópios de fibra ótica contaminados e são geralmente adquiridos de forma exógena. A colonização da orofaringe e do trato digestivo é frequente em doentes entubados. As bactérias são aspiradas à volta do corte do tubo endotraqueal, ultrapassam o mecanismo de defesa pulmonar e os doentes podem desenvolver pneumonia .[18]

Porath et al, em 1996, referiram que a Acinetobacter era um isolado raro nos seus doentes com pneumonia adquirida na comunidade. Fang et al referiram apenas 1 caso num total de 79 casos (1,3%) de pneumonia com etiologia definida[22] . Merchant et al referiram uma incidência de 2% de espécies de Acinetobacter em enfermarias médicas e UCI[23] . Cross e Roup isolaram Acinetobacter num doente que morreu de pneumonia após contacto com um respirómetro do qual o organismo foi cultivado. 9/107 casos (8,9%) foram associados a um dispositivo previamente contaminado e em 5 (4,7%) casos o mesmo organismo foi recuperado do doente .[17]

Escherichia coli:

A E. coli é menos comum na pneumonia adquirida no hospital do que a Klebsoella e a Pseudomonas. Normalmente, causa pneumonia em resultado da disseminação hematogénica de infecções bacterémicas do intestino e do trato urinário, contrastando assim com outras bactérias Gram-negativas. A E. coli tende a afetar indivíduos idosos ou debilitados. As suas caraterísticas clínicas são semelhantes às de qualquer outra pneumonia bacteriana, podendo ser evidentes caraterísticas do trato urinário ou do trato gastrointestinal .[13]

Kurashi et al descreveram uma incidência de 0,5% de E. coli entre os seus isolados, enquanto Ostegaad registou 1 isolado em 93 casos[24] . Fang et al verificaram que os bastonetes Gramnegativos, as enterobacteriaceae e os organismos não fermentadores eram causas relativamente pouco frequentes de pneumonia adquirida na comunidade[25] , enquanto Merchant et al registaram uma incidência de 19% de E. coli entre 168 doentes que desenvolveram pneumonia nosocomial em enfermarias e UCI[23] . Kislak et al registaram que a E. coli era responsável por 7% das infecções adquiridas em hospitais da cidade de Baston[26] . Trouillet et al, em 1998, referiram a presença de E. coli em 8 de 135 casos de PAV, ou seja, 3,3%. jahanson et al referiram que a infeção respiratória nosocomial ocorreu em 23% dos doentes colonizados, mas apenas em 3,3% dos doentes nosocomiais. Também referiu que em 1970 a colonização com E. coli ocorreu em 17% dos casos e em 9% em 1971, dos quais 12% desenvolveram infecções respiratórias nosocomiais[27] . Barlett et al referiram que, de 159 doentes que sofriam de pneumonia nosocomial, 23 (14%) apresentavam E. coli na cultura, dos quais 4 E. coli foram isoladas como crescimento puro .[16]

Staphylococcus aureus:

Kurashi et al registaram 2% de isolamento de Staphylococcus aureus[28] , enquanto Ostergaard et al registaram 1 caso do mesmo em 93 casos de pneumonia estudados[24] . Fang et al registaram 4 casos de S. aureus num total de 71 casos estudados e uma incidência de 6,5% entre os doentes admitidos em lares de idosos ou instalações de cuidados de convalescença[25] . Merchant et al, em 1998, encontraram S. aureus em 5% dos casos de pneumonia nosocomial .[23]

Barlett et al. referiram que S. aureus também foi observado em aspirados transtraqueais de doentes com pneumonia nosocomial. Foi referido que S. aureus foi isolado de uma infeção bacteriana mista em caso de bacteremia polimicrobiana secundária a pneumonia .[19]

Espécies de Streptococcus:

O Streptococcus pneumoniae tem sido o agente mais comum, causando 15,65% das pneumonias adquiridas na comunidade nos casos em que a etiologia pôde ser determinada[29] . Nader et al verificaram que o S. pneumoniae é responsável por 9,6% dos casos de pneumonia infecciosa e atribuíram este facto à baixa incidência de utilização de antibióticos antes da apresentação[30] , ao passo que Kurashi et al registaram 26% de incidência de pneumonia[28] . Ostergaard et al também registaram a ocorrência de S. pneumonia em 4 dos 93 casos. Também registaram infecções mistas em 8 doentes, sendo a combinação mais frequente H. influenza e S. pneumoniae em 3 casos; a taxa de pneumococcemia registada foi de 12%[24] . Brown et al encontraram 2 casos de pneumonia pneumocócica bacterémica complicada por infeção concomitante com Klebsiella pneumoniae .[19]

Infeção polimicrobiana:

A PAV causada por mais do que um microrganismo foi identificada em cerca de 30-70% dos casos. Num estudo realizado por Combes et al., foram diagnosticadas infecções polimicrobianas em 48% dos casos de PAV. Em dois estudos indianos, 12,3% e 16,3% dos casos de PAV eram polimicrobianos. Também se observou que a epidemiologia e os resultados dos doentes com PAV monomicrobiana e polimicrobiana não diferiam significativamente .[2]

Patogénese:

A pneumonia representa a resposta inflamatória do hospedeiro sobrecarregado à invasão microbiana do parênquima pulmonar normalmente estéril. A magnitude desta resposta depende do tipo de inóculo e do seu tamanho, da virulência do agente patogénico e da competência do sistema imunitário do hospedeiro. Normalmente, os mecanismos de defesa do hospedeiro, incluindo a filtração e a humidificação do ar nas vias respiratórias superiores, os agentes antimicrobianos não imunes na saliva, um reflexo de tosse intacto, a depuração mucociliar, os fagócitos e as opsoninas nos pulmões e a imunidade sistémica mediada por células e humoral, impedem a invasão bacteriana. Nos doentes em estado crítico na UCI, estas defesas do hospedeiro são normalmente alteradas devido a doenças subjacentes, comorbilidades, desnutrição, sedação e dispositivos como o tubo endotraqueal. Quando os agentes patogénicos atingem o pulmão distal, multiplicam-se e causam doença invasiva.

Papel da colonização gástrica:

Os principais factores predisponentes para a colonização gástrica incluem condições que reduzem o pH gástrico, como a acloridria, a profilaxia da úlcera de stress (antagonistas H2 ou inibidores da bomba de protões) ou a nutrição entérica. A reclinação e a presença de sonda nasogástrica podem favorecer o refluxo dos microrganismos gástricos, que podem posteriormente ser aspirados para a traqueia, apesar da presença de um cuff endotraqueal. O estômago tem sido implicado como um potencial reservatório de bactérias resistentes a antibióticos, particularmente na PAV de início tardio. No entanto, a opinião atual é que, embora o estômago seja frequentemente colonizado por bacilos Gram-negativos entéricos, a via gastro-pulmonar pode não ser uma via importante para o desenvolvimento da PAV .[2]

A fonte potencial de bactérias que causam pneumonia associada à ventilação mecânica é mostrada na **Fig. 2** abaixo
[31].

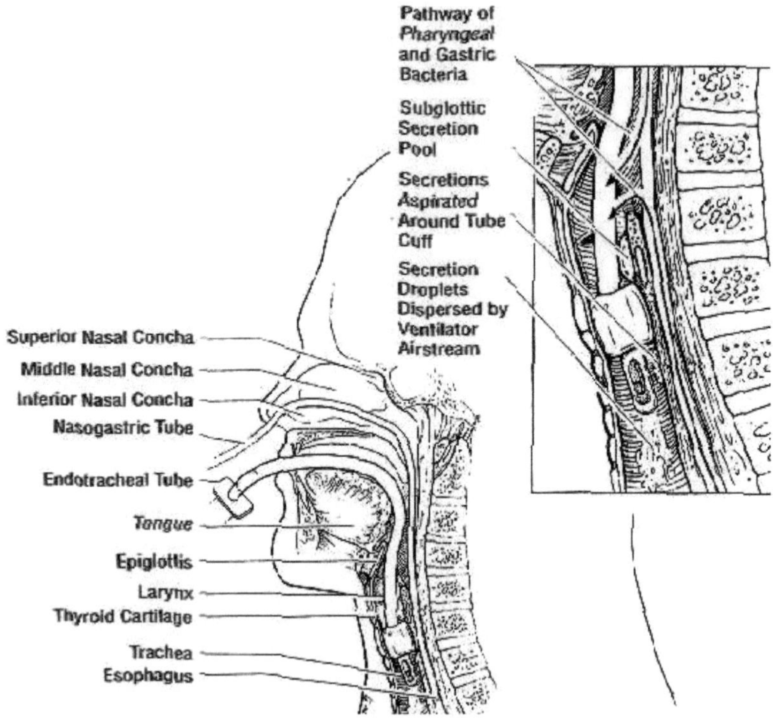

Fig. 2: Fonte potencial de bactérias que causam pneumonia associada à ventilação mecânica. As bactérias que residem na orofaringe e no trato gastrointestinal podem contaminar o pool de secreções subglóticas, como demonstrado. As secreções subglóticas acima do balonete do tubo endotraqueal são aspiradas para a traqueia e disseminadas para as vias aéreas distais e o parênquima pulmonar pela força do ventilador [31].

Origem dos agentes patogénicos da PAV:

Existem várias fontes a partir das quais os microrganismos podem aceder aos pulmões e, eventualmente, causar PAV. A fonte de infeção pode ser endógena ou exógena. As fontes endógenas e exógenas de agentes patogénicos da PAV estão representadas na **Fig. 3** abaixo. A colonização orofaríngea e a colonização gástrica podem atuar como fonte endógena de microrganismos. Instrumentos respiratórios contaminados (broncoscópios, circuitos de ventilação, humidificadores e cateteres de sucção), aerossóis infecciosos do ambiente da UCI e mãos e vestuário contaminados dos profissionais de saúde (devido ao contacto com outros doentes, torneiras contaminadas, carrinhos de medicamentos e outros
fomites) são as principais fontes exógenas de infeção .[2]

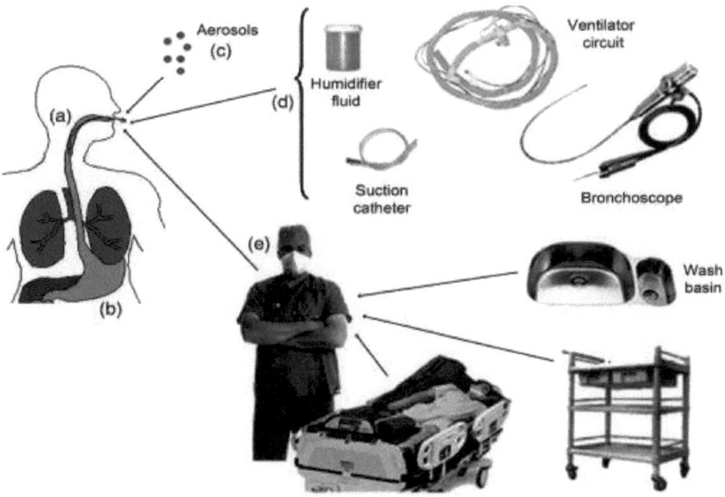

Outro doente de UCICarrinho de medicamentos

Fig. 3: Origem dos agentes patogénicos da PAV. As fontes endógenas são a colonização orofaríngea (a) e a colonização gástrica (b). As fontes exógenas são os aerossóis do ar ambiente contaminado (c), os instrumentos respiratórios contaminados (d) e as mãos e o vestuário contaminados dos profissionais de saúde (e) .[2]

Tratamento:

O tratamento da PAV deve ser adaptado às bactérias causadoras conhecidas. No entanto, quando se suspeita de PAV pela primeira vez, normalmente não se conhece a bactéria causadora da infeção e são administrados antibióticos de largo espetro (terapêutica empírica) até se determinar a bactéria específica e as suas sensibilidades. Os antibióticos empíricos devem ter em conta os factores de risco que um determinado indivíduo tem para bactérias resistentes, bem como a prevalência local de microrganismos resistentes. Se uma pessoa já teve episódios anteriores de pneumonia, pode haver informação disponível sobre as bactérias causadoras anteriores. Por conseguinte, a escolha da terapêutica inicial depende inteiramente do conhecimento da flora local e variará de hospital para hospital.

As combinações possíveis de terapia empírica incluem (mas não estão limitadas a):

- vancomicina/linezolida e ciprofloxacina,
- cefepima e gentamicina/amicacina/tobramicina
- vancomicina/linezolida e ceftazidima
- Ureidopenicilina mais inibidor da p-lactamase, como a piperacilina/tazobactam.
- um carbapenem (por exemplo, imipenem ou meropenem)

A terapêutica é normalmente alterada assim que se conhece a bactéria causadora e é mantida até à resolução dos sintomas (frequentemente 7 a 14 dias). Para os doentes com PAV não causada por bacilos Gram-negativos não fermentadores (como Acinetobacter, Pseudomonas aeruginosa), as provas disponíveis parecem apoiar a utilização de tratamentos antimicrobianos de curta duração (< ou = 10 dias). As pessoas que não têm factores de risco para organismos MDR podem ser tratadas de forma diferente, dependendo do conhecimento local das bactérias prevalecentes. Os antibióticos adequados podem incluir a ceftriaxona, a ciprofloxacina, a levofloxacina ou a ampicilina/sulbactam [32].

ESTUDOS DA ÍNDIA:-

ESTUDO 1. Reena Set; 2011, *Mumbai, Índia.*

O objetivo do estudo foi avaliar a incidência de PAV na UCIP com 15 camas do nosso centro de cuidados terciários. Este estudo prospetivo foi realizado de janeiro a setembro de 2005, incluindo doentes submetidos a VM durante mais de 48 horas. Os aspirados endotraqueais (AE) foram colhidos dos doentes com suspeita de PAV, utilizando um extrator de muco estéril, e foram enviados imediatamente para o laboratório de microbiologia.

Foi recolhido um total de 190 amostras de 90 doentes que estavam em VM. Destes 90 doentes, 25 desenvolveram PAV de acordo com os critérios de diagnóstico utilizados. Observou-se que a incidência de PAV foi de 27,77%. A PAV de início precoce ocorre nos primeiros 4 dias de ventilação e a PAV de início tardio ocorre depois disso. Dos 25 pacientes com PAV, 17 (68%) desenvolveram PAV de início tardio, enquanto 8 (32%) tiveram PAV de início precoce. O estudo de Dey *et al.* mostra que a incidência de PAV é de 45,4%, o que é muito mais elevado, provavelmente devido às condições de comorbilidade dos seus doentes, sendo os agentes patogénicos mais frequentemente isolados *as espécies Acinetobacter* e *P. aeruginosa*. No presente estudo, obteve-se um total de 96 isolados dos 25 doentes diagnosticados com PAV. Os isolados mais frequentes foram *K. pneumoniae*, constituindo 33,33% ou *P. aeruginosa*, 31,25% dos isolados. Dos isolados *de K. pneumoniae*, 93,75% eram produtores de ESBL. *O S. aureus* constituiu 9,37% dos isolados e todos eram *S. aureus* resistentes à meticilina (MRSA). Num estudo realizado por Joseph *et al*, 67% dos isolados *de K. pneumoniae* produziram ESBL e 43% dos isolados *de S. aureus* eram MRSA. No presente estudo, os doentes em ventilação tinham recebido uma combinação de cefalosporina de segunda geração, amicacina e metronidazol. Este facto explica a predominância de produtores de ESBL, tais como *K. pneumoniae*, *P. aeruginosa* e também MRSA na PAV. Este estudo indica claramente que a utilização prévia de antibióticos é um fator de risco para a PAV causada por estes organismos resistentes[33] **. (Tabela 3).**

Antibiótico	*Klebsiella pneumoniae (32)*	*Pseudomonas aeruginosa (30)*	*Espécies de Acinetobacter (19)*
Piperacilina	32 (100)	24 (80)	17 (89.47)
Ampicilina sulbactam	28 (87.5)	-	09 (47.36)
Cefuroxima	32 (100)	-	07 (36.84)
Ceftriaxona	32 (100)	-	07 (36.84)
Amoxicilina ácido clavulânico	25 (78.12)	-	06 (31.57)
Cefotaxima	32 (100)	07 (23.33)	07 (36.84)
Cefoperazona	-	06 (20)	-
Ceftazidima	32 (100)	07 (23.33)	07 (36.84)
Ceftazidima ácido clavulânico	02 (6.25)	-	-
Cefipima	32 (100)	-	07 (36.84)
Gentamicina	32 (100)	26 (86.66)	14 (73.68)
Amicacina	18 (56.25)	13 (43.33)	12 (63.15)
Ciprofloxacina	27 (84.37)	23 (76.66)	16 (84.21)
Piperacilina tazobactam	-	0	-
Imipenem	0	03 (10)	0

Meropenem	01 (3.12)	03 (10)	0
Netilmicina	30 (93.75)	10 (33.33)	0
Esparfloxacina	32 (100)	25 (83.33)	13 (68.42)

GNB: bacilos Gram negativos, PAV: pneumonia associada à ventilação mecânica , Os valores indicados entre parêntesis são em percentagem

Quadro 3: Padrões de resistência aos antibióticos dos bacilos Gram-negativos predominantes nos casos de

VAP .[33]

ESTUDO 2. George P e Sequiera A; 2010, *Mangalore, Índia.*

O estudo mostra que a PAV foi mais comum em doentes com mais de 60 anos de idade. A taxa de mortalidade foi elevada entre eles. O género não teve qualquer relação com a PAV. Neste estudo, os doentes com mais de dois factores de comorbilidade associados desenvolveram PAV e a taxa de mortalidade foi elevada entre eles. Foi estudado um total de 50 doentes com PAV, dos quais 32 eram positivos para cultura. O Acinetobacter foi o organismo mais comum encontrado como causa de PAV, seguido de Pseudomonas, e outros organismos são Klebsiella, Citrobacter, Enterobacter e MRSA. O Acinetobacter foi isolado em 37,5% das amostras, seguido do Pseudomonas (em 21,87% das amostras) e do Klebsiella (em 15,6% das amostras),

Enterobacter (em 12,5% das amostras) e Citrobacter e Staphylococcus (em 6,25% das amostras). O Acinetobacter foi sensível à amicacina (44,66%), à gatifloxacina e ao imipenem (33,33%), ao meropenem e à cefaperazona (25%). A Pseudomonas foi sensível à amicacina, pipercilina, cefaperazona (85,71%), ceftriaxona (71,42%), imipenem, meropenem e gatifloxacina (57,14%). A Klebsiella foi sensível ao Imipenem (100%), Piperacilina, Meropenem (80%) e Cefaperazona (60%).

O diagnóstico clínico dos pacientes que desenvolveram PAV no momento da internação foi bastante variado. Entre os pacientes com PAV, nove tinham diabetes (18%), seis tinham DIC (12%), oito tinham IRC (16%), seis tinham DPOC com insuficiência respiratória (12%), um tinha AVC (2%), três tinham sepse (6%) e cinco tinham intoxicação por OP (10%) .[34]

ESTUDO 3: Subhash Chandra Parija, 2010; *Pondicherry, Índia.*

Os agentes causadores mais comuns de PAV de início precoce são membros de *Enterobacteriaceae* (25%) e *Acinetobacter* spp. (25%). *O S. aureus* sensível à meticilina (13%) foi a bactéria Gram-positiva mais comum associada à PAV de início precoce. *Pseudomonas* spp. (39%) e *Acinetobacter* spp. (32%) foram os agentes patogénicos mais comuns que causaram PAV de início tardio. Cinquenta por cento dos *S. aureus* associados à PAV de início tardio eram MRSA .[35]

ESTUDO 4. Chandrakanth C, 2010; Karnataka *Índia.*

Dos 100 doentes estudados, verificou-se que 29 apresentavam PAV. Além disso, entre estes doentes, foi registada uma percentagem mais elevada de doentes com início precoce, definido como o desenvolvimento de PAV antes de 5 dias de VM, do que com início tardio, definido como o desenvolvimento de PAV após 5 dias de VM. Os organismos causadores foram isolados e identificados. Os organismos gram-negativos foram predominantes entre os isolados, representando 89%. Os restantes eram organismos Gram positivos. Entre os organismos gram-negativos, as espécies Pseudomonas, Klebsiella e *E.coli* foram responsáveis pelo maior número de infecções por PAV. Tullu MS, et al. referiram que *as espécies E.coli,* Klebsiella e Pseudomonas foram isoladas como os organismos mais comuns que colonizaram o tubo endotraqueal, levando a pneumonia associada à ventilação mecânica. O presente estudo também registou uma tendência semelhante nos isolados responsáveis pela PAV. A frequência de isolamento de espécies de Pseudomonas (27,58%), Acinetobacter (3,44%), Klebsiella (27,58%), *E.coli* (20,68%), Citrobacter (6,89%), Proteus (3,44%), *S.aureus* (6,89%) e Enterococos (3.44%) foram comparáveis às do estudo efectuado por Chastre J etal onde a frequência de isolados de espécies de Pseudomonas (24,4%), Acinetobacter (7,9%), espécies de Klebsiella (15,6%), *E.coli* (24,1%) e Citrobacter (5%). [36]

STYDY 5. Rakshit P, et al. 2005, *Mumbai, Índia.*

Foi efectuado *um* estudo de coorte prospetivo durante um ano na unidade de cuidados intensivos médicos (CCU) de um hospital universitário de cuidados terciários, em Bombaim. O objetivo do estudo era conhecer a incidência, os resultados clínicos e a estratificação de risco da pneumonia associada à ventilação mecânica. A PAV foi diagnosticada utilizando a pontuação clínica de infeção pulmonar (CPIS) superior a 6. A coorte do estudo era composta por 51 pacientes. Todos os doentes da UCI que necessitaram de ventilação mecânica durante >48 horas constituíram o grupo de estudo. 24 dos 51 casos desenvolveram PAV. A Pseudomonas aeruginosa foi o organismo mais comum e mais letal. A mortalidade no grupo da PAV foi de 37%. O estudo concluiu que a maior duração da ventilação mecânica e a necessidade de reintubação estão associadas a um aumento proporcional da incidência de PAV. A deterioração do rácio PaO2/FiO2 correlacionou-se bem com o início da PAV .[37]

ESTUDO 6. Khan FG, et al. 1998, *Nova Deli, Índia.*

A Ps. aeruginosa é uma causa frequente e proeminente de pneumonia nosocomial, especialmente em pessoas em ventilação assistida nas unidades de cuidados intensivos. Durante um ano de vigilância da pneumonia associada à ventilação mecânica (PAV), isolámos 42 estirpes de amostras de lavado bronco-alveolar recolhidas e processadas de 102 doentes. Através da tipagem de piocina, 40 das 42 estirpes puderam ser tipadas em 39 tipos, mas esta designação mudava de cada vez que o teste era repetido. A análise SDS-PAGE das proteínas de células inteiras agrupou as 42 estirpes de Ps. aeruginosa em 20 grupos. Após a ribotipagem, utilizando um oligonucleótido marcado com 18 mer DIG para a região conservada do gene 16S rRNA, as estirpes foram designadas em 18 tipos. O tipo principal continha 8 isolados, mas não havia agrupamento de isolados, indicando que cada estirpe infetante foi adquirida separadamente e não de uma fonte comum. Por conseguinte, parece que a infeção cruzada com um único clone não foi o modo predominante de infeção por Ps. aeruginosa que causou PAV na nossa UCI .[38]

ESTUDO 7. Pawar M, et al. 2003, *Nova Deli, Índia.*

O estudo foi efectuado no Escorts Heart Institute and Research Centre, Nova Deli, Índia. Novecentos e cinquenta e dois pacientes consecutivos submetidos a operações cardíacas que receberam ventilação intermitente com pressão positiva (IPPV) foram incluídos neste estudo. Todos os pacientes foram divididos em grupos com PAV (n = 25) e sem PAV (n = 927). Os fatores de risco e outras variáveis foram analisados por meio de análise univariada e multivariada.

Dos 952 pacientes estudados, 25 (2,6%) tiveram PAV. Na análise univariada, os factores de risco significativos foram a cirurgia de urgência, a doença pulmonar obstrutiva crónica (DPOC), a reintubação, o coma, o tratamento com esteróides, a contrapulsação por balão intra-aórtico (BIA), a alimentação enteral, a traqueostomia, o score APACHE II (acute physiology, age, and chronic health evaluation), os antibióticos prévios e as horas de VPI. Na análise multivariada, as horas de IPPV (153,75 +/- 114,44 v 19,65 +/- 7,99) e os esteróides

(20% v 0%) foram preditores independentes de PAV. Os agentes patogénicos mais frequentemente isolados foram Pseudomonas aeruginosa (22), Escherichia coli (10), Klebsiella pneumoniae (4), espécies de Staphylococcus (4) e espécies de Acinetobacter (2). A taxa de mortalidade na PAV foi de 16%, em comparação com 0,2% nos casos sem PAV .[39]

ESTUDO 8. Arindam Dey e Indira Bairy; 2007, *KMC, Manipal.*

Verificou-se que a incidência de PAV era de 45,4% entre os doentes ventilados mecanicamente, dos quais 47,7% tinham PAV de início precoce (<5 dias de VM) e 52,3% tinham PAV de início tardio (>5 dias de VM). As bactérias multirresistentes, principalmente *Acinetobacter spp.* (47,9%) e *Pseudomonas aeruginosa (27%),* foram os agentes patogénicos mais frequentemente isolados em ambos os tipos de PAV. A maioria dos isolados de *Escherichia coli* (80%) e *Klebsiella pneumoniae* (100%) produziu beta-lactamases de espetro alargado (ESBLs). 30,43% dos isolados de *Acinetobacter spp.* apresentaram produção de beta-lactamases AmpC entre todos os tipos de isolados. As metalo-beta-lactamases (MBL) foram produzidas por 50% de *Pseudomonas aeruginosa* e 21,74% de *Acinetobacter spp.*[40] .

ESTUDO 9. Jakribettu RP e Boloor R; 2012, *Mangalore, Índia.*

Um número total de 226 doentes esteve sob ventilação mecânica durante o período do estudo. Dos 226, apenas 100 doentes foram incluídos no estudo porque o seu Clinical Pulmonary Infection Score (CPIS) era superior a 6 após 48 horas de VM. No total, foram isoladas 138 bactérias de 100 ETA. A ocorrência de PAV foi mais comum em homens (68%) do que em mulheres (32%) entre os casos estudados. Dos 100 pacientes com PAV, 46 (46%) pacientes expiraram, e

41 melhoraram e tiveram alta. Esta elevada taxa de mortalidade dos doentes com ventilador pode dever-se à doença subjacente e não à pneumonia nos doentes em estado crítico. Assim, a PAV, por si só, não é a causa de uma taxa de mortalidade tão elevada. O número máximo e mínimo de casos foi registado no grupo etário dos 45-55 e 35-45 anos, ou seja, 22 e 9, respetivamente .[41]

ESTUDO 10. R.M. Saldanha Dominic, et al. 2012, *Mangalore, Índia.*

A pneumonia associada à ventilação mecânica (PAV) é uma das infecções nosocomiais mais comuns que ocorrem em doentes ventilados mecanicamente na UCI. Continua a complicar a evolução de 7% a 41% dos doentes que recebem ventilação mecânica contínua. Este estudo prospetivo foi efectuado para determinar os agentes etiológicos da PAV e avaliar os seus padrões de suscetibilidade aos antibióticos. Foi efectuada uma cultura semi-quantitativa de aspirados endotraqueais de doentes com PAV. No nosso estudo, 59 dos 153 doentes ventilados mecanicamente desenvolveram PAV. Entre os agentes causais, *Pseudomonas, Acinetobacter* e Staphylococcus *aureus* foram considerados os agentes etiológicos mais comuns em doentes com PAV. Verificou-se que noventa e dois isolados em doentes com PAV eram agentes patogénicos multirresistentes. A terapêutica antimicrobiana precoce e adequada é um objetivo importante no contexto de infecções potencialmente fatais, tendo em conta os factores que modulam a ecologia bacteriana e a suscetibilidade dos organismos causadores, o que é crucial para uma gestão optimizada .[42]

ESTUDO 11. T Rajasekhar, et al. 2006, *Hydearabad, Índia.*

Foi realizado um estudo prospetivo aberto no Nizam's Institute, Hyderabad, entre fevereiro de 2005 e abril de 2005, para determinar o papel das culturas quantitativas de amostras não broncoscópicas na PAV. Foram colhidas amostras de BBS e ETA de doentes sob ventilação mecânica durante mais de 48 horas, com suspeita de PAV, que foram enviadas para processamento no laboratório microbiológico para coloração de Gram, avaliação citológica e cultura quantitativa. Neste estudo, o limiar de diagnóstico para a ETA e a BBS foi fixado em 10^5 cfu/ml e 10^4 cfu/ml, respetivamente. Num total de 15 doentes com suspeita de PAV, 73,3% (11/15) dos casos deram positivo para PAV. Destes 11 casos, 73% (8/11) pertenciam ao grupo de início precoce e os restantes 27% (3/11) ao grupo de início tardio. Foi isolado um total de 16 organismos, sendo que os organismos predominantes no grupo de início precoce da PAV foram as espécies Acinetobacter baumannii e Klebsiella. No grupo de início tardio, a Pseudomonas aeruginosa foi a mais predominante. O padrão de sensibilidade aos antibióticos revelou sensibilidade ao imipenem, meropenem e cefoperazona-sulbactam .[5]

ESTUDO 12. Raghwendra KH, et al. 2002, *Patna, Índia.*

Um total de 56 pacientes que foram submetidos a ventilação mecânica por mais de 48 horas foram estudados no Instituto Indira Gandhi, Patna, no ano de 2001. Entre estes, 13 doentes (23,2%) desenvolveram pneumonia. As ETA foram colhidas destes doentes e submetidas a coloração de Gram e a cultura quantitativa. Considerou-se que a cultura bacteriana tinha uma concentração significativa se a unidade formadora de colónias fosse superior a 105. Os isolados mais comuns entre os bacilos gram-negativos foram Pseudomonas aeruginosa (46,15%), Klebsiella pneumoniae (15,38%) e outros Enterobacter (7,69%) e entre os cocos gram-positivos foram Staphylococcus aureus (30,76%) e Staphylococcus coagulase negativa (15,38%). O teste de sensibilidade a vários antibióticos foi efectuado pelo método padrão de difusão em disco Kirby-Bauer .[43]

ESTUDOS FORA DA ÍNDIA :

ESTUDO 1. Albert S, et al. 1997, *Alemanha.*

Os aspirados endotraqueais (AE) de 20 doentes entubados numa unidade de cuidados intensivos cirúrgicos (tempo médio de ventilação/doente = 16,5 dias) foram investigados em série através da realização de culturas quantitativas, utilizando o crescimento de 10(5) ufc/mL como ponto de corte. Os exames microscópicos foram efectuados utilizando a coloração de Giemsa para neutrófilos polimorfonucleares (PMN). O espetro dos agentes patogénicos encontrados foi determinado e comparado com os dados clínicos para distinguir a colonização da infeção do trato respiratório inferior. Das 301 culturas de EA, 156 (51,8%) foram positivas e 145 (48,2%) estavam abaixo do ponto de corte. As contagens de PMN foram significativamente mais elevadas nas amostras que deram culturas positivas. Foram isoladas setenta e cinco estirpes bacterianas diferentes (64% eram bacilos Gram-negativos). Dezassete doentes (85%) estavam colonizados com bactérias Gram-negativas. Nove doentes (45%) desenvolveram pneumonia nosocomial (PN), cinco (25%) não tinham sinais de pneumonia e seis (30%) tinham um estado incerto. Os principais agentes causadores de PN foram Pseudomonas aeruginosa, Enterobacteriaceae e Staphylococcus aureus. As culturas quantitativas de EA apresentaram uma sensibilidade de 81,5%, uma especificidade de 64,8%, um valor preditivo positivo de 55% e um valor preditivo negativo de 87%. Os nossos resultados sugerem que as culturas quantitativas de EA (valor de corte 10(5) ufc/mL), a identificação de espécies e o exame microscópico de EA podem ajudar a diferenciar a colonização traqueobrônquica da infeção, especialmente quando as técnicas broncoscópicas não estão disponíveis .[44]

STUDY 2. Lippincott Williams & Wilkins, Viena, 2005, *Áustria.*

Durante este período, foram tratados 437 doentes em UCI (144 mulheres, 297 homens; idade média, 59 anos). Este estudo incluiu 47 pacientes (9,3%; 16 mulheres, 31 homens) recebendo ventilação mecânica e preenchendo os critérios de PAV. A idade média dos pacientes foi de

62 anos (variação, 23-82 anos). Dos 47 pacientes com diagnóstico clínico de PAV, 19 pacientes (40%) preencheram os critérios microbiológicos de PAV, com crescimento bacteriano $<10^4$ UFC/mL no LBA. Um total de 15 doentes (32%) revelou um crescimento bacteriano inferior ($<10^4$ CFU/mL BAL) e 13 doentes (28%) não apresentaram qualquer crescimento bacteriano. Após o novo cálculo, oito doentes (17%) revelaram um limiar bacteriano significativo ($<10^4$ CFU/mL ELF) para além dos doentes encontrados inicialmente. Foi possível determinar um efeito de diluição que variava entre 1,8 e 130 vezes.

Um total de 18 pacientes morreram durante sua permanência na UTI: 11 deles apresentaram um crescimento bacteriano $<10^4$ CFU/mL no BAL, dois apresentaram um crescimento bacteriano menor ($<10^4$ CFU/mL BAL) e quatro pacientes não apresentaram nenhum crescimento bacteriano. Apenas um dos doentes com um limiar bacteriano significativo ($<10^4$ CFU/mL ELF) após o recálculo morreu na UCI. O aumento do número de pacientes (n = 27) não mostrou uma diferença significativa quando comparado com o grupo antes do recálculo (n = 19) .[45]

ESTUDO 3. F. Alvarez-Lerma, 1996, *Espanha.*

De um total de 16872 pacientes inicialmente inscritos no estudo, 530 pacientes desenvolveram 565 episódios de pneumonia após a admissão na UCI.

Foram administrados antibióticos empíricos em 490 (86,7%) dos 565 episódios de pneumonia. Os antimicrobianos mais frequentemente utilizados foram a amicacina em 120 casos, a tobramicina em 110, a ceftazidima em 96 e a cefotaxima em 96. A monoterapia foi indicada em 135 (27,6%) dos 490 episódios, uma combinação de dois antibióticos em 306 episódios (62,4%) e uma combinação de três antibióticos em 49 episódios (10%). O tratamento antibiótico empírico foi modificado em 214 (43,7%) casos devido ao isolamento de um microrganismo não abrangido pelo tratamento em 133 (62,1%) casos, à falta de resposta clínica em 77 (36%) e ao desenvolvimento de resistência em 14 (6,6%). Os factores individuais associados à modificação do tratamento empírico identificados na análise multivariada foram: microrganismo não coberto (risco relativo (RR)) 22,02; intervalo de confiança (IC) de 95% 11,54 a 42,60; administração de mais de um antimicrobiano (RR 1,29; IC 95% 1,02 a 1,65; e utilização prévia de antibióticos (RR 1,22; IC 95% 1,08 a 1,39). A mortalidade atribuível foi de 16,2% nos doentes com terapêutica inicial adequada e de 24,7% nos doentes com tratamento inadequado.

Uma percentagem elevada de doentes (43,7%) necessitou de alterar o tratamento antibiótico empírico para a pneumonia adquirida na UCI. Em 62,1% dos casos, a principal razão para a alteração do tratamento antibiótico foi a cobertura antibiótica inadequada dos microrganismos. A mortalidade atribuível foi significativamente mais elevada nos doentes com terapêutica antibiótica inicial inadequada. São necessários métodos de diagnóstico rápidos e precisos para iniciar um tratamento antibiótico adequado logo que se suspeite de pneumonia .[46]

ESTUDO 4. Michel F, et al. 2005, *França.*

Um total de 299 doentes que foram submetidos a ventilação mecânica durante pelo menos 48 horas foram estudados no Hospital Universitário Saint Marguerite, França, entre maio de 2000 e janeiro de 2002. Nestes doentes, apesar de a ETA ter sido recolhida duas vezes por semana, apenas foram avaliadas as ETA efectuadas imediatamente antes da suspeita de PAV (EA-pre). Uma vez que o diagnóstico de PAV foi efectuado por cultura do LBA, foi realizado um total de 75 procedimentos de LBA nos quais se suspeitava de PAV com base em critérios definidos, dos quais 41 foram diagnosticados como PAV (55%), pelo que a incidência de

PAV aqui é de 13,7%. O isolado mais comum foi a Pseudomonas aeruginosa. Entre as 41 culturas positivas de BAL, a EA-pre identificou o mesmo microrganismo em 34 casos, pelo que o tratamento antibiótico foi adequado em 34 dos 41 casos. Com este estudo, concluíram que a ETA efectuada duas vezes por semana permite prescrever uma terapêutica antibiótica adequada em 95% dos doentes nos quais a PAV é diagnosticada em última instância por cultura do LBA .[47]

ESTUDO 5. Fernando G. Rios, et al. 2007, *Argentina.*

As espécies de *Acinetobacter* e *Pseudomonas aeruginosa* são agentes patogénicos comuns da pneumonia associada à ventilação mecânica (PAV). A apresentação e o resultado da PAV causada por *Acinetobacter* spp. e *P. aeruginosa* susceptíveis aos carbapenemes (imipenem e/ou meropenem) (Carb-S) e aos susceptíveis apenas à colistina (Col-S) foram comparados neste estudo retrospetivo em 3 unidades de cuidados intensivos (UCI). Foram estudados 61 episódios de PAV causada por *Acinetobacter* spp. ou *Pseudomonas aeruginosa*, 30 isolados eram Carb-S e 31 eram Col-S.

Os dados demográficos, o agravamento da função renal e a mortalidade não foram diferentes. A análise univariada mostrou que o início mais tardio e o episódio anterior de PAV, > 10 dias de antimicrobianos prévios e a terapêutica prévia com carbapenemes durante a admissão atual foram mais frequentes nos doentes com estirpes Col-S. Na análise multivariada, > 10 dias de antimicrobianos prévios e episódio anterior de PAV permaneceram significativamente associados à PAV com Col-S. Quarenta e um por cento das infecções causadas por isolados Col-S, mas nenhuma das infecções causadas por isolados Carb-S, tinham recebido terapêutica prévia com carbapenemes. Os episódios de PAV Col-S podem ser tratados eficazmente com colistina sem disfunção renal significativa; este padrão de suscetibilidade pode ser suspeitado em doentes com um episódio anterior de PAV ou com antibioterapia prévia > 10 dias antes do presente episódio de PAV .[48]

ESTUDO 6. Ilknur Erdem, et al. 2008, *Turquia.*

De 1 de janeiro de 2004 a 31 de dezembro de 2006, foram analisados os dados de 191 doentes com um total de 14.423 doentes-dia. Houve 279 episódios de PAV em 226 (10,3%) pacientes. A densidade de incidência de PAV foi de 22,6/1.000 dias de ventilação. Trezentos e vinte e sete microorganismos foram isolados como agentes causadores de PAV. A distribuição dos agentes causais é apresentada na Tabela 2. Os agentes patogénicos isolados incluíram *Acinetobacter* spp. (37%), *Staphylococcus aureus* resistente à meticilina (MRSA) (27,8%), *P. aeruginosa* (23,2%), *Enterobacter* spp. (8,3%), *E. coli* (2,2%), *Klebsiella pneumoniae* (1,2%) e *Pseudomonas* spp. (0,3%).

Noventa por cento dos isolados *de Acinetobacter* spp. eram resistentes à ceftazidima, 11% à cefoperazona-sulbactam, 64% ao imipenem, 80% à ciprofloxacina e 43% à amicacina. Cinquenta e nove por cento dos isolados *de P. aeruginosa* eram resistentes à ceftazidima, 41% à piperacilina-tazobactam, 32% ao imipenem, 62% à ciprofloxacina e 16% à amicacina. *As Pseudomonas* spp. que eram resistentes à ceftazidima eram susceptíveis à piperacilina-tazobactam, ao imipenem, à amicacina e à ciprofloxacina. Setenta e sete por cento dos isolados de *Enterobacter* spp, 85% de *E. coli* e 75% de *K. pneumoniae* eram resistentes à ceftazidima. Vinte e seis por cento de *Enterobacter* spp., 29% de *E. coli* e 25% de *K. pneumoniae* eram resistentes à ciprofloxacina. Todos os isolados de *E. coli* e *K. pneumoniae* eram susceptíveis à amicacina. Quinze por cento dos *Enterobacter* spp. eram resistentes à amicacina. Os isolados *de Enterobacter* spp. *K. pneumoniae* não apresentaram resistência à imipenem. Além disso, todos os isolados de MRSA eram susceptíveis à vancomicina e à

teicoplanina.
Durante o período de estudo de 3 anos, não foram observadas alterações significativas na resistência à ciprofloxacina por parte dos isolados de *P. aeruginosa* e *Acinetobacter* spp. A resistência *do Acinetobacter* spp. ao imipenem aumentou nitidamente, de 43 para 77%, enquanto a resistência à amicacina também aumentou, de 21 para 53%. A resistência *de Acinetobacter* spp. à ceftazidima aumentou de 86 para 95%. A resistência *da P. aeruginosa* à ceftazidima aumentou ligeiramente, de 63 para 71%, a resistência à amicacina aumentou de 8 para 33% e a resistência à piperacilina-tazobactam diminuiu de 54 para 23% .[49]

ESTUDO 7. Mahshid Talebi Taher, et al. 2008, *Teerão, Irão.*

Durante o período de estudo, 114 doentes estiveram sob ventilação mecânica (33 doentes em Firoozgar e 81 doentes no hospital Rasoul-e-Akram). Entre eles, apenas 6 doentes (5,3%) cumpriam os critérios de PAV, 3 doentes em cada hospital (3,7% no hospital Rasoul-e-Akram e 9,1% no hospital Firoozgar). Havia 59 mulheres (51,8%) e 55 homens (48,2%), a idade média dos doentes (± DP) era de 63 anos (±16,8). Dos 6 doentes com PAV, 3 eram homens. A média de dias de permanência no hospital (±SD) foi de 18,1 dias (±11,65) e de permanência na UCI foi de 12,6 dias (±10,07). Em 6 pacientes com PAV, a média de dias de permanência no hospital (±SD) foi de 26,3 dias (±20,92) e na UTI foi de 22,8 dias (±21,53). Dos 114 doentes, 9 doentes (8%) apresentavam radiografias de tórax anormais (incluindo 6 doentes com PAV), como consolidação, derrame pleural, cavitação e pneumotórax. Oitenta e nove dos 114 casos (78,1%) morreram (todos os doentes com PAV). As causas de morte nos doentes sem PAV foram as doenças subjacentes e nos doentes com PAV foi a sépsis não controlada.
Foram isoladas Pseudomonas aeruginosa em 2 casos e Klebsiella pneumonia num caso no hospital Firoozgar, e Klebsiella em 2 casos e pseudomonas num caso no hospital Rasoul-e-Akram.

ESTUDO 8. João Manoel da Silva, et al. 2007, *Brasil.*

Durante o período do estudo, 496 pacientes foram submetidos à ventilação mecânica; 265 desses pacientes foram submetidos à ventilação mecânica por pelo menos 48 horas, totalizando 2.546 dias de ventilação mecânica. No subgrupo de pacientes submetidos à ventilação mecânica por mais de 48 horas, houve 55 casos de PAV (20,7%), com uma taxa de 21,6 casos por 1.000 dias de ventilação mecânica.
A duração da ventilação mecânica nos doentes com PAV foi de 3 a 43 dias, com uma mediana de 17 dias. Nos doentes sem diagnóstico de PAV, a duração da ventilação mecânica foi de 2 a 32 dias, com uma mediana de 6 dias. Aquando do diagnóstico de PAV, os doentes tinham estado no hospital, na UCI e/ou tinham estado em ventilação mecânica durante longos períodos. Além disso, os pacientes com PAV tiveram um tempo total de internação hospitalar e na UTI mais longo, bem como períodos totais de ventilação mecânica mais longos.
Entre 55 doentes com um diagnóstico clínico de PAV, todos, exceto um, foram considerados infectados com base na análise microbiológica do líquido de lavagem broncoalveolar ou da secreção traqueal, com uma elevada prevalência de bastonetes Gram-negativos, principalmente *Acinetobacter calcoaceticus*. Entre as hemoculturas, apenas 58% apresentaram crescimento de qualquer microrganismo.
A análise univariada dos doentes com PAV demonstrou os seguintes factores de risco de mortalidade: idade, duração da ventilação mecânica e cirurgia. Os doentes clínicos apresentaram taxas de mortalidade significativamente mais baixas. Verificou-se uma maior mortalidade nos doentes com antibioterapia empírica inadequada; no entanto, esta diferença

não foi significativa. A análise dos resultados dos doentes com hemoculturas positivas não revelou diferenças significativas, com 28/44 (64%) mortes e 4/11 (36,4%) altas hospitalares .[51]

ESTUDO 9. Luna e colegas, 1997, *Argentina.*

Numa investigação realizada na Argentina, Luna e colegas examinaram 132 doentes com suspeita clínica de PAV que necessitavam de ventilação mecânica numa UCI médico-cirúrgica. Todos os 132 pacientes foram submetidos a broncoscopia com BAL. Sessenta e cinco pacientes (49,2%) tiveram culturas de BAL microbiologicamente positivas. Não se verificou qualquer diferença nas taxas de mortalidade hospitalar, na utilização prévia de antibióticos ou nas caraterísticas demográficas entre os doentes com culturas de fluido de BAL positivas e os doentes com culturas negativas (sem agentes patogénicos identificados na cultura). Um total de 50 doentes com culturas de fluido BAL positivas receberam antibioterapia empírica antes da broncoscopia. No entanto, dentro deste grupo, a taxa de mortalidade foi significativamente mais baixa entre os doentes que receberam uma terapêutica antibiótica adequada (n = 16) com base nos resultados da cultura do fluido das BAL do que entre os doentes que receberam uma terapêutica antibiótica inadequada (n = 34). A taxa de mortalidade dos pacientes que receberam antibioticoterapia inadequada também foi maior do que a taxa de mortalidade dos pacientes que não receberam antibioticoterapia empírica antes do LBA (n = 15), mas essa diferença não foi estatisticamente significativa. No estudo de Luna *et al*, as alterações na terapêutica antibiótica após a obtenção dos resultados das culturas broncoscópicas de BAL não parecem alterar os resultados dos doentes cujos resultados das culturas foram positivos. Um maior número destes doentes (42 de 65) recebeu terapêutica antibiótica adequada após os resultados das suas culturas de fluidos de BAL; no entanto, a taxa de mortalidade para estes doentes foi semelhante à dos doentes que continuaram a receber terapêutica antibiótica inadequada após os resultados das culturas de BAL. De um modo geral, parece que a identificação de bactérias gram-negativas com resistência a cefalosporinas de largo espetro e a presença de MRSA nas culturas de fluido do LBA foram responsáveis pela maioria dos regimes antibióticos inadequados .[52]

ESTUDO 10. Ranjit S e Bhattarai B; 2011, *Katmandu, Nepal.*

Um estudo de coorte prospetivo e observacional de 69 doentes que foram ventilados mecanicamente durante mais de 48 horas foi avaliado para determinar o desenvolvimento de pneumonia nosocomial e a presença ou ausência de factores de risco.

Vinte e dois (31,88%) dos 69 doentes desenvolveram pneumonia associada à ventilação mecânica, a maioria dos quais entre quatro e 14 dias. A reintubação, as linhas invasivas, os bloqueadores H2 e a PaO2/FiO2 baixa foram identificados como os principais factores de risco no nosso estudo. A alimentação enteral por sonda nasogástrica e o uso de esteróides não foram associados ao desenvolvimento de pneumonia associada à ventilação mecânica. Os doentes com pneumonia associada ao ventilador tiveram uma duração significativamente mais longa de ventilação mecânica (18,88±7,7 dias vs 7,36±4,19 dias) e de internamento (29±17,8 dias vs 9,22±5,14 dias). A moralidade foi semelhante em ambos os grupos com ou sem pneumonia associada ao ventilador .[53]

3 FINALIDADES E OBJECTIVOS

1) Estudar o perfil bacteriológico do Aspirado Endotraqueal (AET) em pacientes submetidos à ventilação mecânica (VM).
2) Estudar o padrão de resistência antimicrobiana dos isolados acima referidos.
3) Estudar a incidência de Pneumonia Associada à Ventilação (PAV) em doentes submetidos a ventilação mecânica.

4 MATERIAIS E MÉTODOS:

PERÍODO DE ESTUDO: - 1 ano (de fevereiro de 2012 a fevereiro de 2013)

LOCAL DE ESTUDO: - Departamento de Microbiologia, M.G.M. Medical College and Hospital, Setor 18, Kamothe, Navi Mumbai.

ESPÉCIMENOS: - Aspirados endotraqueais (ETA).

GRUPO DE ESTUDO: - Todos os doentes com DPI na UCI que estavam a receber ventilação mecânica (VM) durante pelo menos 48 horas ou mais.

NO. DE ESTUDOS: - Mínimo de 100 amostras.

Critérios de inclusão:

- Todos os doentes foram submetidos a ventilação mecânica durante mais de 48 horas na UCI no último ano.

Critérios de exclusão:

- Doentes com pneumonia antes da VM.
- Doentes com edema pulmonar.

Métodos:-

Foi um estudo prospetivo realizado de fevereiro de 2012 a fevereiro de 2013 (1 ano de duração) na UCI do nosso hospital de cuidados terciários, onde os doentes estiveram em ventilação mecânica durante pelo menos 48 horas ou mais.

Doentes:

Todos os doentes tinham estado sob ventilação mecânica durante pelo menos 48 horas ou mais e eram suspeitos de sofrer de PAV. A PAV foi definida como um novo infiltrado pulmonar (ou agravamento confirmado radiologicamente de um infiltrado pré-existente), juntamente com pelo menos dois dos seguintes critérios: leucocitose (>12 000/mm^3), leucopenia (<4 000/mm^3), febre (>38° C), hipotermia (<35° C) ou secreções traqueais purulentas. Para cada doente, foi preenchida uma Proforma e as amostras de ETA foram colhidas e enviadas imediatamente para processamento no laboratório de microbiologia .[5]

Todos os doentes com suspeita de PAV foram observados diariamente e foram compilados dados que incluíam o nome dos doentes, a idade, o sexo, a data de admissão na UCI, a doença subjacente, a data de entubação/traqueostomia, a duração da ventilação mecânica antes da inclusão no estudo, a data de inclusão no estudo e o Clinical Pulmonary Infection Sore (CPIS) modificado. Foram registados os dias de terapia antibiótica e uma breve descrição dos achados radiológicos. Os doentes foram monitorizados desde o momento da sua inclusão no estudo até à data de alta da UCI .[5]

Recolha de amostras de Aspirados Endotraqueais (ETA):

Um terapeuta respiratório treinado recolheu sempre a ETA. O aspirado endotraqueal (AET) foi recolhido por método não broncoscópico. O ETA foi recolhido utilizando um cateter de sucção Ramson's 12-F de 22 polegadas com um extrator de muco, que foi suavemente introduzido através do tubo endotraqueal (ETT) a uma distância de aproximadamente 25-26 cm. Em seguida, foi efectuada uma aspiração suave sem instilação de soro fisiológico e o cateter foi retirado do TET. Depois de retirado o cateter, foram injectados 2 ml de solução salina normal a 0,9% esterilizada com uma seringa esterilizada para lavar os exsudados para um recipiente esterilizado para recolha e transporte para o laboratório de microbiologia **(Figura 4)**. As amostras de ETA foram imediatamente processadas. Foi preparado um esfregaço a partir da porção purulenta da amostra e corado pela coloração de Gram.

Obtiveram-se os resultados da coloração de Gram e efectuaram-se imediatamente culturas quantitativas. Nos doentes com incidência repetida de sintomas de PAV, foi efectuada uma cultura repetida .[5, 40, 41, 54]

Processamento microbiológico da amostra:

Foram adicionados 100 microlitros da amostra homogeneizada a 100 ml de solução salina normal estéril. As amostras diluídas foram imediatamente inoculadas em ágar-sangue, ágar MacConkeys e ágar-chocolate, utilizando uma ansa de fio de nicrómio de 4 mm (Hi-Media, Mumbai, Índia), com capacidade para 0,01 ml de amostra. As placas foram incubadas durante a noite a 37°C. A contagem de colónias foi obtida a partir da placa de ágar-sangue. Para o diagnóstico definitivo de PAV, o limiar de cultura quantitativa foi considerado como 10^4 CFU/ml. O crescimento de qualquer organismo abaixo deste limiar foi considerado como sendo devido a colonização ou contaminação. O crescimento do organismo foi caracterizado pela morfologia das colónias e pela coloração de Gram das placas de cultura. Foram efectuados testes bioquímicos detalhados e testes de sensibilidade aos antibióticos em placas de ágar Mueller-Hinton pelo método de difusão em disco de Kirby-Bauer, utilizando antibióticos adequados de acordo com as diretrizes do CLSI (Central Laboratory Standard Institute). O grau de sensibilidade é determinado pela medição das zonas de inibição do crescimento em torno do disco. A estirpe *de Escherichia coli* ATCC 25922, *Staphylococcus aureus* ATCC 25923 e *Pseudomonas aeruginosa* ATCC 27853 foram utilizadas como estirpes de controlo[33, 40, 41, 55, 56].

Interpretação dos resultados quantitativos das culturas:

O limiar de diagnóstico para a ETA foi considerado como 10^4 cfu/ml. O crescimento abaixo deste limiar foi considerado como sendo devido a colonização ou contaminação. Para os resultados da coloração de Gram, os limiares para o diagnóstico de PAV com a ETA foram os seguintes: >10 neutrófilos polimorfonucleares (PMN) / campo de alta potência (HPF), >1 bactéria / campo de imersão em óleo (OIF), presença de inclusões bacterianas intracelulares .[5]

PROCESSAMENTO MICROBIOLÓGICO DE ASPIRADOS ENDOTRAQUEAIS (ETA):

MICROSCOPIA DIRECTA:

Coloração em grama: (Método de Hacker modificado)

Procedimento

1. O esfregaço foi feito esfregando a ansa de inoculação contendo a amostra numa lâmina de vidro, seca ao ar e depois fixada ao calor.
2. As lâminas foram inundadas com violeta de cristal (corante básico) e deixadas na lâmina durante 2 minutos.
3. A mancha foi removida e lavada com água da torneira.
4. Verter iodo de Gram (mordente) sobre a lâmina e deixar atuar durante 1 minuto.
5. A lâmina foi lavada suavemente com água corrente da torneira.
6. Foi descolorada com uma solução de álcool e acetona durante 2-3 segundos.
7. A lâmina foi lavada suavemente com água corrente da torneira.
8. A coloração de contraste foi efectuada com Safranina (coloração de contraste) durante 30 segundos e, em seguida, a lâmina foi lavada com água.
9. As lâminas foram deixadas secar e examinadas primeiro com uma objetiva de baixa potência (10x) para localizar a área adequada para exame e depois com uma objetiva de

imersão em óleo (100x).

- Os esfregaços foram examinados quanto à presença de células de pus, células epiteliais e bactérias - Gram positivas e Gram negativas - com pormenores sobre a sua disposição e proporção aproximada. As células de pus e as células epiteliais foram registadas como poucas, moderadas e muitas **(Figura 5)**.

A. CULTURA :

As amostras ETA foram inoculadas em:

- Ágar sangue (ágar sangue de carneiro a 5%)
- Ágar de MacConkey
- Ágar chocolate

Método de cultura:

A ansa de inoculação foi carregada com a amostra de ETA diluída e a ansa foi rodada sobre uma pequena área de superfície de uma placa de cultura esterilizada, formando um inóculo. Os inóculos são então distribuídos em camadas finas sobre a placa, espalhando-as com a ansa numa série de linhas paralelas, em diferentes segmentos da placa. A ansa deve ser inflamada e arrefecida entre as diferentes séries de estrias. Durante a incubação, o crescimento pode ser confluente no local da inoculação original, mas torna-se progressivamente mais fino, obtendo-se colónias bem separadas na série final de estrias .[34]

I. Incubação

- Após a inoculação, todas as placas de cultura foram incubadas numa estufa a 37 °C com 5-10 % de CO_2, o que aumenta o crescimento de algumas bactérias.
- Após uma incubação nocturna, as placas de cultura foram examinadas quanto ao crescimento dos organismos.

II. Personagens da colónia

- Os caracteres das colónias foram registados em relação à cor, tamanho em mm, forma (redonda, convexa ou plana), húmida ou seca, superfície (lisa ou rugosa). Produção de pigmentos, caso exista,
- Tipo de hemólise (alfa, beta, gama) em placa de ágar-sangue e placa de ágar-chocolate.
- Na placa de ágar MacConkey, colónias que fermentam/não fermentam a lactose.

(Figura 6).

- Foram preparados esfregaços a partir de colónias em placas de cultura coradas pelo método de Gram e anotada a morfologia dos organismos, que deve corresponder à coloração direta de Gram

esfregaços.

B. IDENTIFICAÇÃO:

Os isolados bacterianos foram identificados por testes bioquímicos padrão e comparados com diferentes estirpes de controlo positivas e negativas.

1. **Diagrama de fluxo para a identificação de organismos Gram positivos:**

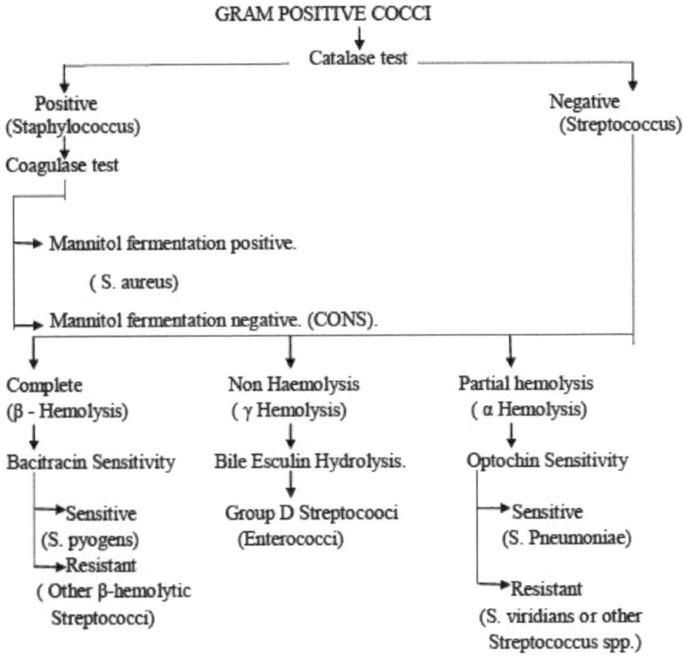

COCOS GRAM POSITIVOS
Teste da catalase
Positivo Negativo (Staphylococcus) (Streptococcus) Teste da coagulase
Fermentação com manitol positiva. (S. aureus) Fermentação do manitol negativa. (CONS).
Não hemólise completa Hemólise parcial (β - Hemólise) (γ Hemólise) (α Hemólise)
Sensibilidade à bacitracina Hidrólise da bílis Esculina. Sensibilidade à optoquina Sensíveis
Estreptococos do Grupo D Sensíveis (S. pyogens) (Enterococos) (S. Pneumoniae) Resistentes
(Outros β- -hemolíticos Resistentes) (S. viridians ou outros Streptococcus spp.)

2. Diagrama de fluxo para a identificação de organismos Gram-negativos:

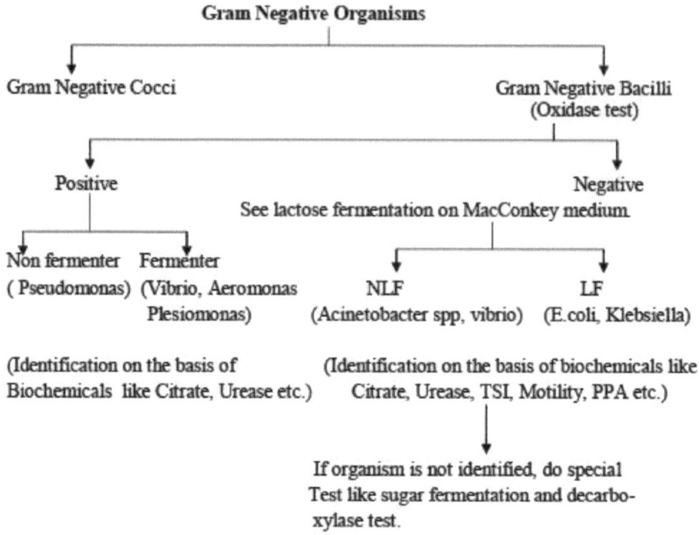

Organismos Gram-negativos

Cocos Gram-negativos Bacilos Gram-negativos (teste da oxidase)
Positivo Negativo Ver fermentação da lactose em meio MacConkey.
Não fermentador Fermentador (Pseudomonas) (Vibrio, Aeromonas NLF LF Plesiomonas) (Acinetobacter spp, vibrio) (E.coli, Klebsiella) (Identificação com base em (Identificação com base em bioquímicos como bioquímicos como Citrato, Urease, etc.) Citrato, Urease, ETI, Motilidade, PPA, etc.)
Se o organismo não for identificado, efetuar testes especiais como a fermentação do açúcar e o teste da descarbo- xilase.

Para bactérias Gram positivas

Os testes bioquímicos padrão utilizados para a identificação de organismos Gram-positivos foram

1. **Teste da catalase:** Distingue os organismos Staphylococcus, que são catalase positivos, das espécies Streptococcus, que são catalase negativos.

Procedimento: Coloca-se uma gota de peróxido de hidrogénio a 3% na lâmina e as bactérias são emulsionadas na mesma.

Interpretação: A presença de bolhas é uma evidência de gás que é produzido quando o oxigénio nascente pode ser visto como uma espuma branca após a adição de algumas gotas de H2O2 a 3% à colónia ou à lâmina com a amostra bacteriana. **(Figura 7)**.

2. **Teste da coagulase para estafilococos:**

i. **Teste da coagulase em lâmina:** O teste da coagulase em lâmina detecta a coagulase ligada.

Procedimento:

a. Colocou-se uma gota de plasma não diluído numa lâmina de vidro limpa e seca.
b. Foi colocada uma gota de solução salina normal ao lado da gota de plasma como

controlo.

c. Com uma ansa de fio de nicrómio, emulsionou-se uma pequena quantidade de colónia isolada em cada gota, inoculando primeiro solução salina para obter uma suspensão homogénea.

d. Quando se observou aglomeração na gota de plasma e uma suspensão lisa e homogénea no controlo, o teste foi considerado positivo.

ii. **Teste da coagulase em tubo:** O teste da coagulase em tubo detecta a coagulase extracelular livre

coagulase.

Procedimento:

Uma pequena quantidade de colónia de crescimento do organismo foi emulsionada num tubo contendo 1 ml de plasma diluído a 1:10 e o tubo foi incubado a 37°C durante 4 horas e observou-se a formação de coágulos inclinando suavemente o tubo. Se não se observasse a formação de coágulos nessa altura, o tubo era reincubado à temperatura ambiente e lido novamente após 18 horas. Qualquer grau de coagulação foi considerado positivo. **(Figura 8).**

3. Teste de fermentação do manitol:

Procedimento: Pegou-se numa pequena quantidade de colónia de crescimento do organismo com a ajuda de um fio reto e espetou-se num meio de ágar de sal de manitol semissólido incorporado num tubo de ensaio e incubou-se durante uma noite ou 24 horas a 37°C.

Interpretação: Se a estirpe de Staphylococcus aureus crescer neste meio, a cor do meio mudará de vermelho para amarelo. Para estafilococos coagulase negativos, a cor permanece vermelha **(Figura 9)**.

4. Testes para Streptococcus pyogenes:

Um método conveniente para a identificação de Streptococcus pyogenes baseia-se na observação de Maxted de que são mais sensíveis à bacitracina do que outros estreptococos.

Um disco de papel de filtro mergulhado numa solução de bacitracina (1 unidade/ml) foi aplicado na superfície de um ágar sangue inoculado. Após incubação durante a noite, foi observada uma ampla zona de inibição com Streptococcus pyogenes, mas não com outros estreptococos.

5. Testes para espécies de Enterococcus

Teste de ágar esculina biliar:

Procedimento:

1. Com um fio ou uma ansa de inoculação, foram colhidas duas ou três colónias de estreptococos morfologicamente semelhantes e inoculadas na parte inferior do meio de esculina biliar com um movimento em forma de S.
2. Incubar o tubo a 35°C durante 24 - 48 horas numa incubadora de ar ambiente.

Interpretação:

Teste positivo: O escurecimento difuso de mais de metade da lâmina no espaço de 24 a 48 horas indica hidrólise da esculina.

Teste negativo: Sem alteração da cor do meio. **(Figura 10)**.

6. Testes para Streptococcus pneumoniae:

Teste da optoquina: Este teste é utilizado para determinar o efeito da optoquina (cloridrato de etil-hidrocuprina) num organismo. A optoquina destrói os pneumococos (teste positivo), mas os alfastreptococos são resistentes (teste negativo).

Procedimento:

1. Utilizando uma ansa de inoculação, 2-3 colónias suspeitas de uma cultura pura foram semeadas em metade de uma placa de ágar-sangue de carneiro a 5%.
2. Colocou-se um disco de optoquina no terço superior da área da estria e bateu-se suavemente no disco com uma pinça esterilizada e incubou-se a 37°C em 5% de CO_2 durante 24 horas.
3. A zona de inibição foi medida em milímetros, incluindo o diâmetro do disco.

Interpretação:

Positivo - A zona de inibição é >14mm de diâmetro, com um diâmetro de disco de 6mm.

Negativo - Sem zona de inibição ou zona de inibição <14 mm de diâmetro. **(Figura 11).**

Para bactérias Gram negativas

Os testes bioquímicos padrão utilizados para a identificação de organismos Gram-negativos foram

1. Teste da oxidase: Determinar a presença de uma enzima citocromo oxidase que catalisa a oxidação do citocromo reduzido pelo oxigénio molecular.

Procedimento:

Foi utilizada uma solução recentemente preparada de dicloridrato de tetra-metil-parafenileno diamina a 1% (reagente de oxidase).

Uma tira de papel de filtro, embebida no reagente de oxidase, foi salpicada com o organismo testado. Em caso de reação positiva da oxidase, a área manchada torna-se roxa profunda em 10 segundos. Foi sempre incluído um controlo positivo da oxidase (espécie Pseudomonas) para verificar o funcionamento da tira de oxidase.

Interpretação:

Positivo - Púrpura profundo em 10 segundos

Negativo - Sem alteração da cor. **(Figura 12).**

2. Teste de produção de indol: Determinar a capacidade de um organismo para decompor o aminoácido triptofano em indol.

Procedimento:

A produção de indole foi detectada através da inoculação da bactéria testada em água peptonada (rica em triptofano) e incubada a 37°C durante 48 horas. Em seguida, adicionou-se lentamente 0,5 ml do reagente de Kovac a partir do lado do tubo. Um anel de cor vermelho vivo foi considerado positivo.

Interpretação:

Positivo - Um anel de cor vermelha junto à superfície do meio,

Negativo - Anel de cor amarela junto à superfície do meio. **(Figura 13).**

3. Teste do vermelho de metilo (MR): Detecta a produção de ácido suficiente durante a fermentação da glucose por bactérias e a manutenção sustentada de um pH inferior a 4,5.

Procedimento:

O organismo de teste foi inoculado no caldo de fosfato de glucose e incubado a 37°C durante 48 horas. Em seguida, adicionaram-se 5 gotas de solução de vermelho de metilo a 0,04%, misturou-se bem e leram-se imediatamente os resultados.

Interpretação:

Positivo - Cor vermelha,

Negativo - Cor amarela **(Figura 14)**.

4. Teste de Voges-Proskauer (VP): O teste depende da produção de acetilmetilcarbinol (acetoína) a partir do ácido pirúvico no meio. Na presença de álcalis e de oxigénio atmosférico, a acetoína é oxidada a diacetilo, que reage com o alfa-naftol para dar cor vermelha.

Procedimento:

O organismo de teste foi inoculado em caldo de fosfato de glucose e incubado a 37°C durante 48 horas. Em seguida, adicionou-se 1 ml de KOH a 40% e 3 ml de uma solução a 5% de a-naftol em álcool absoluto, misturou-se bem e leu-se imediatamente os resultados.

Interpretação:

Positivo - Cor-de-rosa em 2-5 minutos

Negativo - Incolor durante 30 minutos.

5. Teste de utilização de citrato: Detetar a capacidade de um organismo para utilizar citrato como única fonte de carbono para o seu crescimento, com a alcalinidade resultante.

Procedimento:

Podem ser utilizados meios sólidos (Simmon's) ou líquidos (Koser's). Uma colónia bacteriana foi colhida com um fio de inoculação reto e inoculada no meio de citrato de Simmon e incubada a 37°C durante uma noite.

Interpretação:

Positivo - Cor azul intensa

Negativo - Sem alteração da cor (cor verde). **(Figura 15)**.

6. Teste de Motilidade: Determinar a motilidade de um organismo. Um organismo deve possuir flagelos para ser móvel.

Procedimento:

Ágar semi-sólido em profundidade: O meio foi espetado com fio de inoculação a uma profundidade de aproximadamente 1 cm abaixo da superfície e foi lido após incubação durante a noite a 37°C.

Interpretação:

Positivo - O organismo móvel espalha-se no meio a partir do local de inoculação.

Negativo - O organismo não móvel permanece no local da inoculação. **(Figura 16)**.

7. Teste do ágar de ferro com açúcar triplo (TSI): Determinar a capacidade de um organismo para atacar hidratos de carbono específicos incorporados num meio de crescimento, com ou sem a produção de gás, juntamente com a determinação da possível produção de sulfureto de hidrogénio (H_2S).

Procedimento:

O ágar TSI foi inoculado por estrias sobre a superfície do chorume e por punhalada no rabo e incubado durante a noite aerobicamente a 37°C.

Interpretação:

Cor amarela (ácida) - fermentação de hidratos de carbono

Cor vermelha (alcalina) - Sem fermentação

Bolhas no rabo - O gás também é produzido durante a fermentação de hidratos de carbono

Enegrecimento do meio - produção de H_2S. **(Figura 17)**.

8. Teste da urease: Determinar a capacidade de um organismo para produzir uma enzima urease. A urease divide a ureia em amoníaco. O amoníaco torna o meio alcalino e, assim, o indicador vermelho de fenol muda para cor-de-rosa/vermelho.

Procedimento:

Uma colónia bacteriana foi colhida com um fio reto e inoculada no meio de urease de Christensen e incubada durante a noite a 37°C.

Interpretação:

Positivo - Cor-de-rosa.

Negativo - Cor amarela pálida **(figura 18)**.

9. Teste do ácido fenil pirúvico (PPA): Determinar a capacidade de um organismo para desaminar a fenilalanina em ácido fenil pirúvico (PPA).

Procedimento:

Inoculou-se um meio contendo fenilalanina com um crescimento de cultura bacteriana e incubou-se a 37°C durante uma noite. Em seguida, adicionaram-se algumas gotas de solução de cloreto férrico a 10%.

Interpretação:

Positivo - Cor verde.

Negativo - Sem alteração de cor[57-61] **. (Figura 19)**.

D. SENSIBILIDADE AOS ANTIBIÓTICOS:

Pelo método Kirby Bauer (método de difusão em disco).

O teste de sensibilidade aos antibióticos foi efectuado de acordo com as diretrizes CLSI.

i. Preparou-se uma diluição adequada de uma cultura em caldo ou de uma suspensão em caldo da bactéria em estudo (0,5 Mc Farland standard).

ii. Nos 15 minutos seguintes ao ajuste da turvação da suspensão de inóculo, mergulhou-se uma zaragatoa de algodão estéril na suspensão ajustada. A zaragatoa foi rodada várias vezes e pressionada firmemente na parede interna do tubo acima do nível do fluido. O objetivo era remover o excesso de inóculo da zaragatoa.

iii. A superfície seca de uma placa de ágar Mueller-Hinton foi inoculada, espalhando a zaragatoa sobre toda a superfície estéril do ágar.

iv. Este procedimento foi repetido por sementeira mais duas vezes, rodando a placa aproximadamente 60° de cada vez para assegurar uma distribuição uniforme do inóculo. Como passo final, o esfregaço foi rodado no bordo do ágar.

v. Os discos antimicrobianos (12 discos para uma placa de 150 mm e 6 discos para uma placa de 90 mm) foram aplicados na superfície da placa de ágar inoculada.

vi. Cada disco foi pressionado para baixo para assegurar um contacto completo com a superfície do ágar.

vii. Inverter a placa e incubar a 37°C[62] **. (Figura 20)**.

Antibióticos para cocos Gram positivos (GPC)

Antibióticos	Símbolo	Conteúdo do disco	Sensível	Intermediário	Resistência
Ampicilina + Sulbactam	AS	20 mcg	15	12 - 14	11
Co-trimoxazol	BA	25 mcg	19	16 - 18	15
Ciprofloxacina	RC	5 mcg	21	16 - 20	15
Cefotaxima	CF	30 mcg	23	15 - 22	14
Gentamicina	GM	10 mcg	15	13 - 14	12
Tetraciclina	ET	30 mcg	19	15 - 18	14

Linezolida	LZ	30 mcg	21	16 - 20	15
Levofloxacina	QB	5 mcg	17	14 - 16	13
Cefalexina	RP	30 mcg	19	16 - 18	15
Cloxacilina	CX	1 mcg	18	13 - 17	12
Roxitromicina	AT	15 mcg	22	16 - 21	15
Lincomicina	LM	2 mcg	17	14 - 16	13

Antibióticos adicionais para cocos Gram positivos (GPC)

Antibióticos	**Símbolo**	**Conteúdo do disco**	**Sensível**	**Intermediário**	**Resistência**
Cefazolina	CZ	30 mcg	18	15 - 17	14
Netilina	NT	30 mcg	15	13 - 14	12
Cefaclor	CJ	30 mcg	18	15 - 17	14
Canamicina	K	30 mcg	18	14 - 17	13
Azitromicina	AT	15 mcg	18	14 - 17	13
Vancomicina	VA	30 mcg	12	10 - 11	9
Teicoplanina	ET	30 mcg	14	11 - 13	10
Rifampicina	R	5 mcg	20	17 - 19	16
Cefoxitina	CN	30 mcg	18	15 - 17	14

Antibiótico para bacilos Gram-negativos (GNB)

Antibióticos	**Símbolo**	**Conteúdo do disco**	**Sensível**	**Intermediário**	**Resistência**
Netilina	NT	30 mcg	15	13 - 14	12
Augmentin	UA	30 mcg	16	13 - 15	12
Cefuroxima	CU	30 mcg	18	15 - 17	14
Cefotaxima	CE	30 mcg	23	15 - 22	14
Cefaperazona	CS	75 mcg	16	13 - 15	12
Gentamicina	G	10 mcg	15	13 - 14	12
Amicacina	AK	30 mcg	17	15 - 16	14
Ciprofloxacina	CF	5 mcg	21	16 - 20	15
Lomefloxacina	LO	30 mcg	16	13 - 15	12
Pefloxacina	PF	5 mcg	16	13 - 15	12
Ofloxacina	OF	5 mcg	16	13 - 15	12
Ceftazidima	CA	30 mcg	19	14 - 18	13

Antibióticos adicionais para bacilos Gram-negativos (GNB)

Antibióticos	**Símbolo**	**Conteúdo do disco**	**Sensível**	**Intermediário**	**Resistência**
Imipenom	I	10 mcg	16	14 - 15	13
Meropenem	RM	10 mcg	16	14 - 15	13
Cefepima	CPM	30 mcg	18	15 - 17	14
Ticarcilina + Ácido clavulânico	TC	85 mcg	20	15 - 19	14

Netilina	NT	30 mcg	15	13 - 14	12
Piperacilina + Tazobactam	PT	110 mcg	21	18 - 20	17
Ceftriaxona + Tazobactam	TRANSPORTE DE VALORES	40 mcg	17	13 - 15	12
Cefoperazon + Sulbactam	CFS	85 mcg	21	16 - 20	15
Ceftazidima	CA	30 mcg	19	14 - 18	13
Cefuroxima	CU	30 mcg	18	15 - 17	14

Fig. 4: Recipiente de amostras esterilizado ETA.

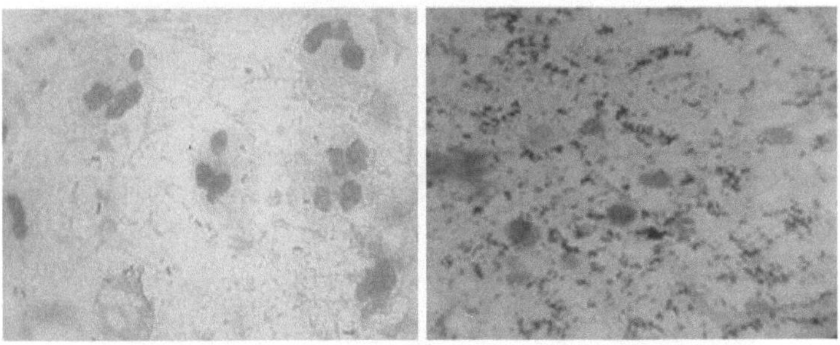

(a) (b)

Fig. 5: Coloração de Gram mostrando células de pus com (a) bacilos Gram-negativos, (b) cocos Gram-positivos em grupos.

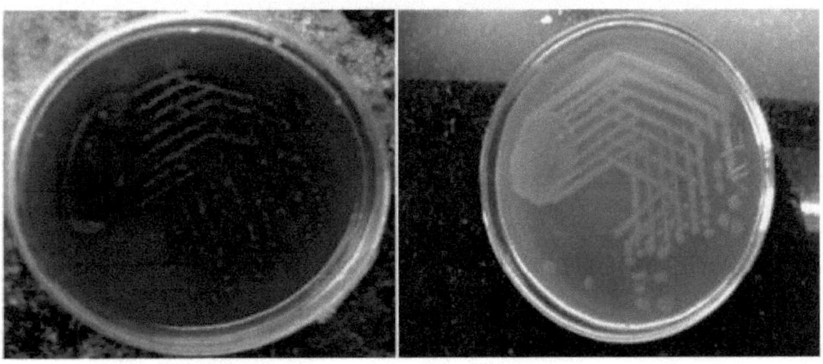

(a) (b)

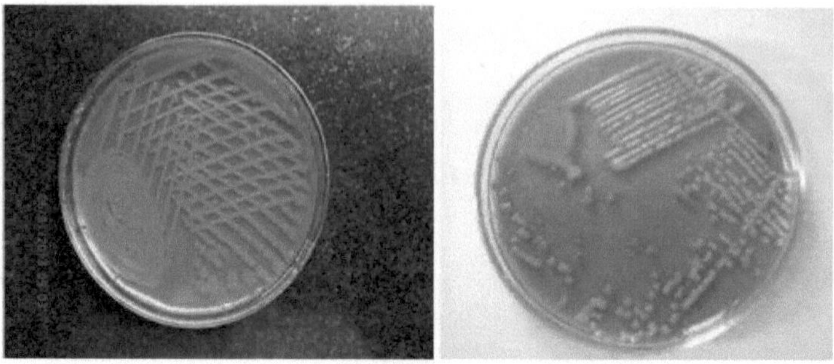

(c) (d)

Fig.6: (a) Ágar sangue mostrando colónias não hemolíticas, (b) colónias NLF em MA, (c) colónias secas LF de E. coli em MA, (d) colónias mucoides LF de Klebsiella em MA.

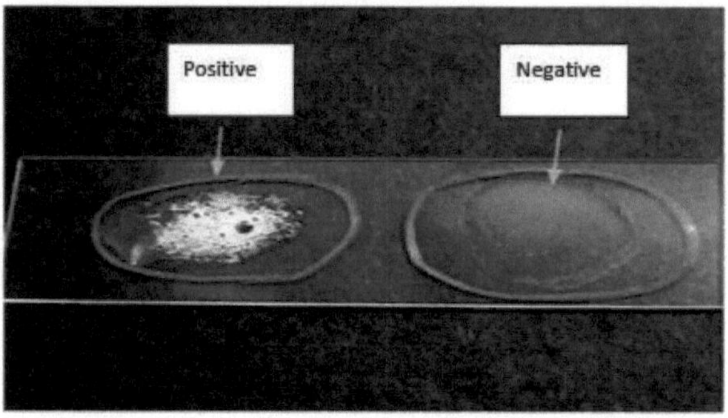

Fig. 7: Teste da catalase com teste positivo e negativo.

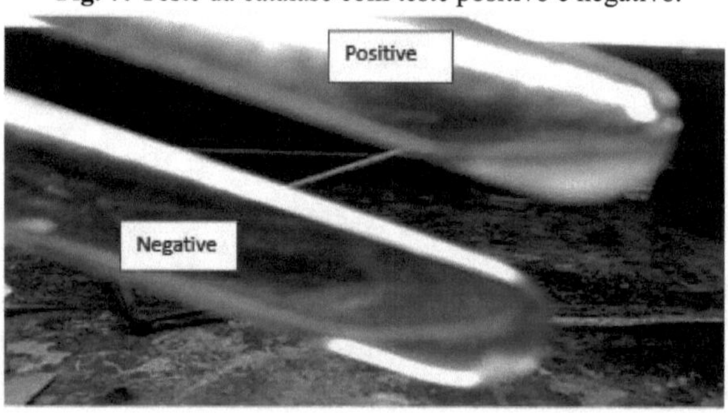

Fig. 8: Teste de coagulase em tubo mostrando teste positivo e negativo.

Fig. 9: Teste de fermentação de manitol. **Fig. 10:** BEA

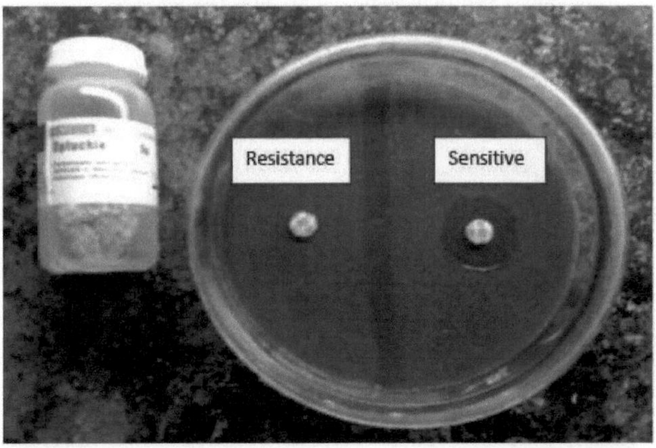

Fig. 11: Teste de optoquina mostrando optoquina resistente e sensível.

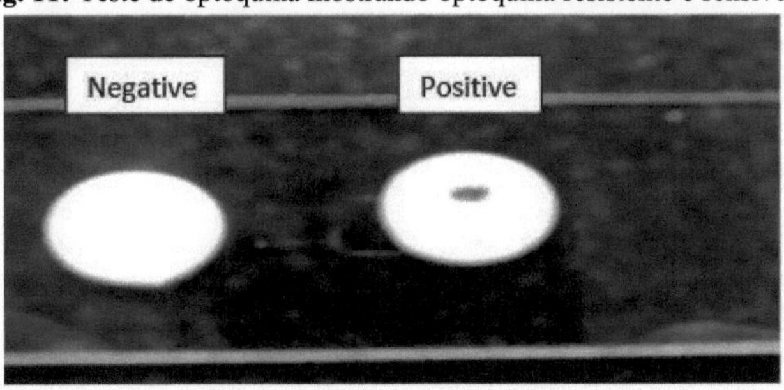

Fig. 12: Teste de oxidase mostrando teste negativo e positivo de oxidase...

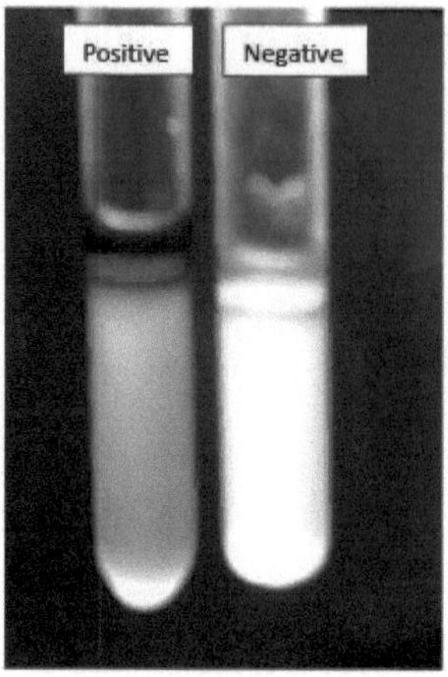

Fig. 13: Produção de indole. **Fig. 14:** Teste MR.

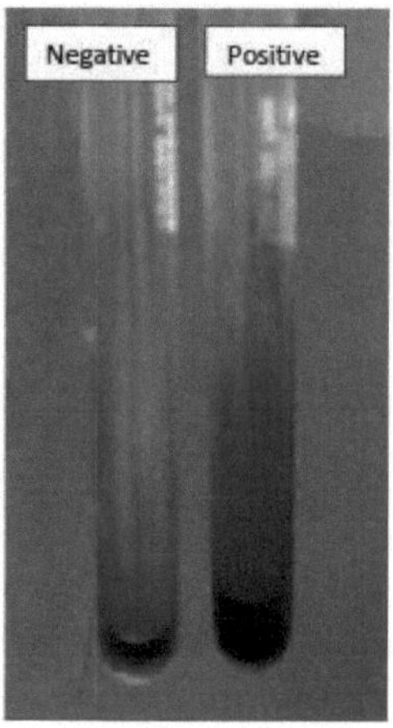

Fig. 15: Teste de utilização de citrato. **Fig. 16:** Teste de motilidade.

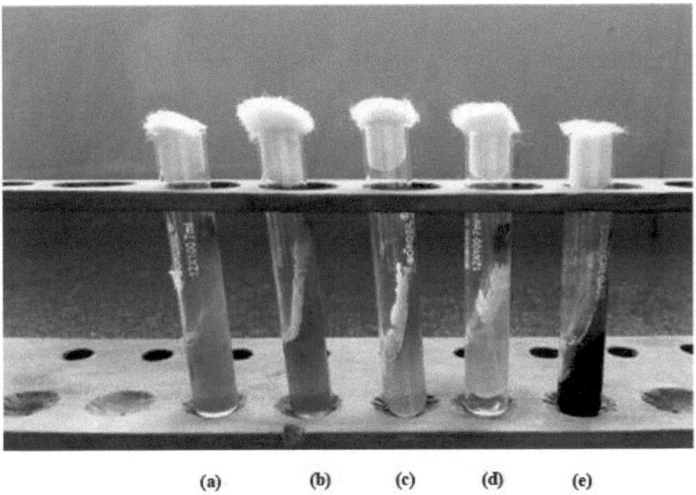

Fig. 17: Ágar TSI mostrando (a) Não inoculado, (b) K/NC, (c) K/A, (d) A/A com gás, (e) K/K com H2S.

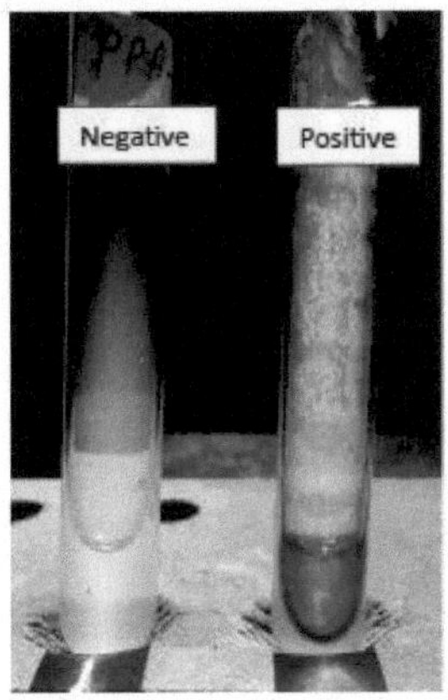

Fig. 18: Teste da urease. **Fig. 19:** Teste PPA.

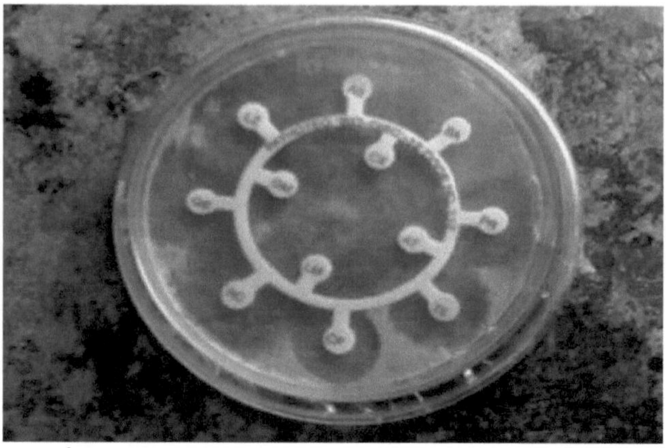

Fig. 20: Ágar Mueller Hinton com teste de sensibilidade aos antibióticos.

6 OBSERVAÇÕES E RESULTADOS

Foram incluídos no estudo 125 doentes com suspeita clínica de PAV que cumpriam os critérios do estudo. Entre os 125 doentes com PAV, >104cfu/ml indicando bactérias patogénicas causadoras de PAV foi observado em apenas 45 doentes.

Para o diagnóstico de PAV neste estudo, todas as amostras que produziram um limiar de cultura quantitativo de >104 ufc/ml em placas de cultura foram categorizadas no grupo PAV. Todas as amostras que apresentaram um limiar de cultura quantitativo de $<10^4$ cfu/ml nas placas de cultura foram consideradas como sendo devidas a colonização ou contaminação e foram classificadas no grupo NO- VAP. As amostras que não apresentaram crescimento também foram classificadas no grupo NO- VAP, uma vez que o nosso estudo bacteriológico é aeróbico.

TABELA 4: Número de casos registados.

Doentes	VAP	NO-VAP	TOTAL
Número	45 (36%)	80 (64%)	125 (100%)

De um total de 125 doentes estudados, 45 doentes apresentaram um limiar de cultura quantitativo de >104 ufc/ml nas placas de cultura e foram agrupados em PAV, representando 36%.

GRÁFICO 4: Número de casos inscritos.

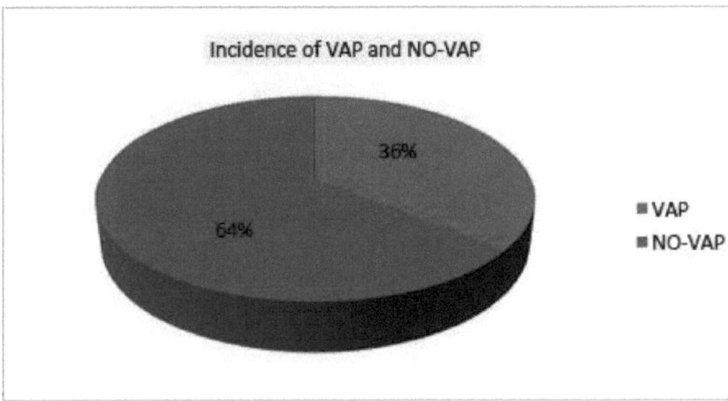

QUADRO 5: Espectro dos casos estudados.

Espectro de casos	Número	Percentagem %
Pré-termo com BPN / sepsis / asfixia de parto / doença das membranas hialinas / dificuldade respiratória	48	38.4%
Envenenamento por OP	6	4.8%
Anomalia congénita	1	0.8%
Casos pós-operatórios	8	6.4%
Febre hemorrágica do dengue	1	0.8%
Mordida desconhecida	1	0.8%
Crise alcoólica / intoxicação / doença hepática alcoólica	5	4%
Convulsão	2	1.6%
Dificuldade respiratória	10	8%

Infecções virais	7	8.6%
Meningite	3	2.4%
Diabetes mellitus com hipertensão	4	3.2%
Insuficiência respiratória	1	0.8%
Angina instável	1	0.8%
Outros	27	21.6%
Total	**125**	**100%**

A indicação para admissão com necessidade de suporte ventilatório mecânico é dada na tabela acima, em que Pré-termo com baixo peso à nascença / sépsis / asfixia congénita / doença das membranas hialinas 48 casos (38,4%) envolveram a maioria dos casos, seguidos de dificuldade respiratória 10 casos (8%), pós-operatório 8 casos (6,4%), infecções virais 7 (8,6%), OP

poisoning 6 (4.8%), alcoholic seizure / intoxication / alcoholic liver disease 5 (4%), diabetes mellitus with hypertension 4 (3.2%), meningitis 3 (2.4%), convulsion 2 (1.6%), congenital anomaly, dengue hemorrhagic fever, unknown bite, respiratory failure and unstable angina each accounting for 1 case (0.8%) e outros (hemorragia intracraniana, H1N1, cólera, pancreatite aguda, malária mista, hipoglicemia, hematoma cerebral, fibromatose intestinal, CIV, IRA, edema da tiroide, doença de Koch pulmonar) 27 (21,6%).

GRÁFICO 2: Espectro dos casos estudados.

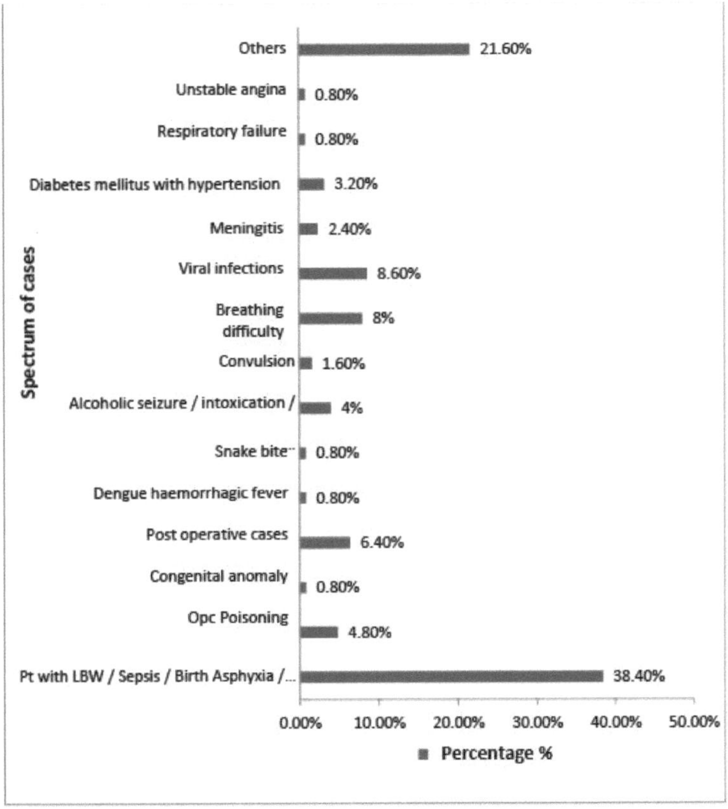

TABELA 6: Associação da idade com os casos de PAV e NO-PAV.

Grupo etário	PAV (n=45)	NO-VAP (n=80)	Total (n=125)
Crianças < 1 ano	14 (31.1%)	38 (47.5%)	52 (41.6%)
1 ano a 10 anos	0 (0%)	3 (3.7%)	3 (2.4%)
11 anos a 20 anos	1 (2.2%)	2 (2.5%)	3 (2.4%)
21 anos a 30 anos	7 (15.6%)	7 (8.8%)	14 (11.2%)
31 anos a 40 anos	6 (13.3%)	3 (3.7%)	9 (7.2%)
41 anos a 50 anos	4 (8.9%)	16 (20%)	20 (16%)
51 anos a 60 anos	3 (6.7%)	3 (3.8%)	6 (4.8%)
61 anos a 70 anos	10 (22.2%)	8 (10%)	18 (14.4%)

n=número total de casos

No nosso estudo, o número máximo de casos foi registado no grupo etário <1 ano 52 casos (41,6%) e 41 a 50 anos 20 casos (20%), mas a percentagem mais elevada de PAV registou-se no grupo etário das crianças <1 ano 14 casos (31,1%) e 61 a 70 anos 10 casos (22,2%).

GRÁFICO 3: Associação da idade com os casos de PAV e NÃO PAV.

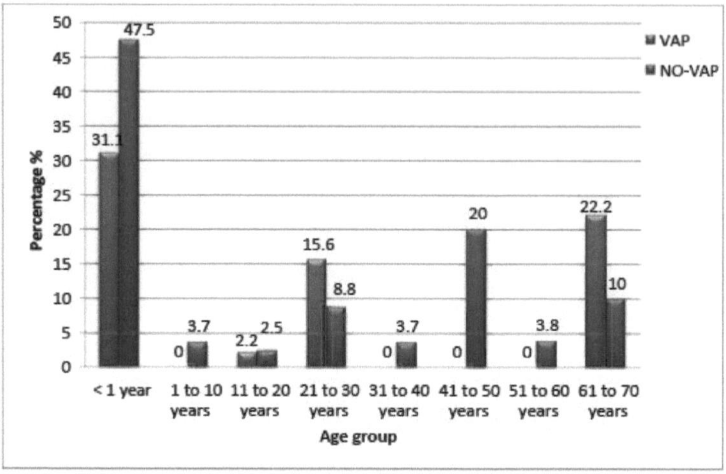

TABELA 7: Associação do género com os casos de PAV e NÃO PAV.

Género	PAV (n = 45)	NO-VAP (n = 80)	Total (n = 125)
Masculino	32 (71.1%)	37 (46.2%)	69 (55.2%)
Feminino	13 (28.9%)	43 (53.8%)	56 (44.8%)

n=número total de casos

No nosso grupo de estudo, o número máximo de casos pertencia ao grupo masculino, com 69 casos (55,2%). Mesmo entre os 45 casos de PAV, os homens 32 casos (71,1%) foram mais afectados do que as mulheres 13 casos (28,9%).

GRÁFICO 4: Associação do género com os casos de PAV e NÃO PAV.

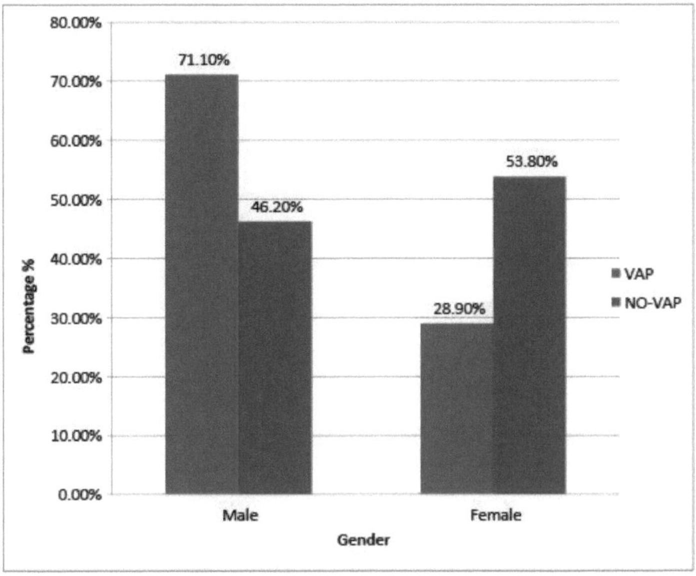

TABELA 8: Coloração de Gram do aspirado endotraqueal mostrando a presença de células de pus e sua associação com casos de PAV e NÃO PAV.

Coloração de Gram	PAV (n = 45)	NO-VAP (n = 80)	Total (n = 125)
Célula de pus abundante	13 (28.9%)	5 (6.2%)	18 (14.4%)
Poucas células de pus	26 (57.8%)	28 (35%)	54 (43.2%)
Sem célula de pus	6 (13.3%)	47 (58.8%)	53 (42.4%)

n=número total de casos

No nosso estudo, de um total de 125 esfregaços de coloração de Gram, 18 (28,9%) apresentaram muitas células de pus, 54 (43,2%) apresentaram poucas células de pus e 53 (42,4%) não apresentaram células de pus. Entre essas células abundantes de pus 13 (28,9%), poucas células de pus 26 (57,8%) e nenhuma célula de pus 6 (13,3%), todas elas apresentaram um limiar de cultura quantitativo de $>10^4$ cfu/ml na placa de cultura. Enquanto que as células de pus abundantes 5 (6,2%), poucas células de pus 28 (35%) e nenhuma célula de pus 47 (58,8%) apresentaram um limiar de cultura quantitativo de $<10^4$ ufc/ml na placa de cultura.

GRÁFICO 5: Coloração de Gram do aspirado endotraqueal mostrando a presença de células de pus e sua associação com casos de PAV e NO-PAV.

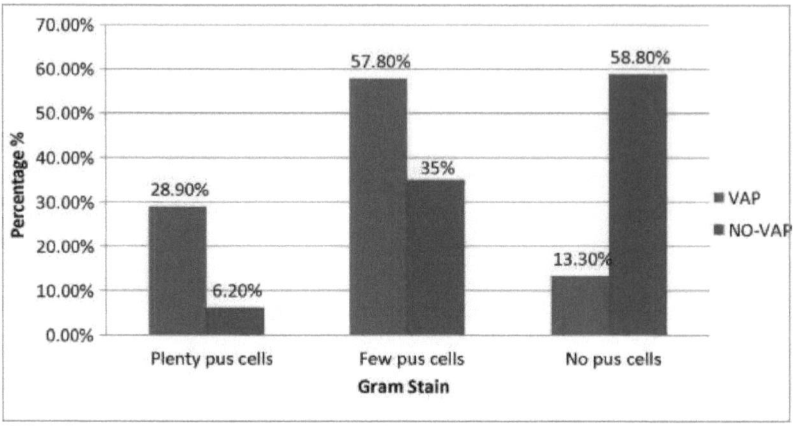

TABELA 9: Associação do padrão de crescimento nos casos de PAV e NO-PAV.

Crescimento	PAV (n = 45)	NO-VAP (n = 80)	Total (n = 125)
Isolado único	26 (57.8%)	35 (43.8%)	61 (48.8%)
Isolado múltiplo	19 (42.2%)	11 (13.7%)	30 (24%)
Sem crescimento	0 (0%)	34 (42.5%)	34 (27.2%)

n=número total de casos

Num total de 125 casos de suspeita clínica de PAV, 61 casos (48,8%) apresentaram um padrão de crescimento de um único isolado, 30 casos (24%) apresentaram um padrão de crescimento de múltiplos isolados e 34 casos (27,2%) não apresentaram crescimento. No nosso estudo, dos 45 casos positivos de PAV, 26 casos (57,8%) apresentaram um padrão de crescimento de um único isolado e 19 casos (42,2%) apresentaram um padrão de crescimento de múltiplos isolados de duas ou mais bactérias.

GRÁFICO 6: Associação do padrão de crescimento em casos de PAV e NO-PAV.

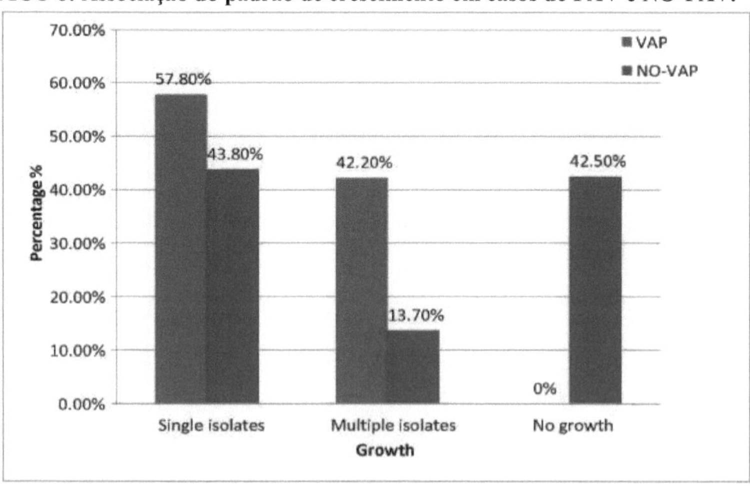

associação com casos de PAV e NÃO PAV.

S.N.	ISOLADOS DA TRAQUEIA	PAV (n =70)	NO-VAP (n=92)	TOTAL (n=161)
1.	ESPÉCIES DE ACINETOBACTER.	19 (29.2%)	20 (22%)	39 (25%)
2.	ESPÉCIES DE PSEUDOMONAS.	19 (29.2%)	7 (7.7%)	26 (16.6%)
3.	ESPÉCIES DE KLEBSIELLA.	10 (15.4%)	12 (13.2%)	22 (14.1%)
4.	ESCHERICHIA COLI.	8 (12.4%)	4 (4.4%)	12 (7.7%)
5.	ESPÉCIES DE ESTREPTOCOCOS.	0 (0%)	2 (2.2%)	2 (1.3%)
6.	STAPHYLOCOCCUS AUREUS.	3 (4.6%)	4 (4.4%)	7 (4.5%)
7.	ESPÉCIES DE ENTEROBACTÉRIAS	2 (3.1%)	0 (0%)	2 (1.3%)
8.	ESPÉCIES DE CITROBACTER.	3 (4.6%)	1 (1.1%)	4 (2.6%)
9.	ESPÉCIES DE CANDIDIA.	1 (1.5%)	4 (4.4%)	5 (3.2%)
10.	ESPÉCIES DE ENTEROCOCCUS.	0 (0%)	2 (2.2%)	2 (1.3%)
11.	ESPÉCIES DE PROTEUS.	0 (0%)	1 (1.1%)	1 (0.6%)
12.	NÃO CRESCER.	0 (0%)	34 (37.3%)	34 (21.8%)

n= número de organismos.

Dos 125 casos clínicos suspeitos de PAV, 34 casos não registaram qualquer crescimento, pelo que, dos 91 casos que registaram crescimento, um total de 123 bactérias foi isolado devido ao padrão de crescimento de 32 isolados múltiplos. No grupo da PAV, de um total de 65 bactérias isoladas, as espécies Acinetobacter 19 isoladas (29,2%), Klebsiella 10 isoladas (15,4%), Pseudomonas 19 isoladas (29,23%), Escherichia coli 8 isoladas (12,4%) foram os organismos Gram-negativos mais frequentemente isolados, seguidos de Staphylococcus aureus 3 isoladas (4,6%), Citrobacter 3 isoladas (4,6%), Enterobacter 2 isoladas (3,1%)

GRÁFICO 7: Espectro de organismos obtidos por aspiração endotraqueal e sua associação com casos de PAV e NO-PAV.

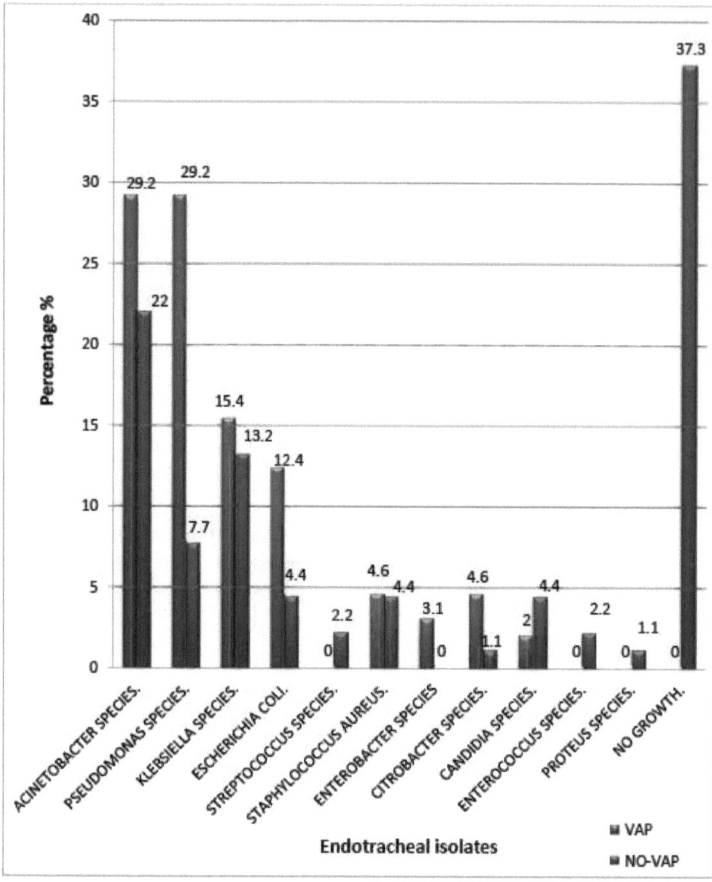

Percentage %
40
35
30
25
20
15
10
5
0
29.2
22
29.2
7.7
15.4
13.2
12.4
4.4
0
2.2
4.6
4.4
3.1
0
4.6
1.1
2
4.4
0
2.2
0
1.1
0
37.3
ACINETOBACTER SPECIES.
PSEUDOMONAS SPECIES.
KLEBSIELLA SPECIES.
ESCHERICHIA COLI.
STREPTOCOCCUS SPECIES.
STAPHYLOCOCCUS AUREUS.
ENTEROBACTER SPECIES
CITROBACTER SPECIES.
CANDIDIA SPECIES.
ENTEROCOCCUS SPECIES.
PROTEUS SPECIES.
NO GROWTH.
Endotracheal isolates
VAP
NO-VAP

TABELA 11: Percentagem do padrão de sensibilidade aos antibióticos de todos os organismos Gram-negativos isolados de aspirados endotraqueais apenas de casos de PAV.

R=Resistente, S=Sensível, n=número total de casos.

S.N.	Drugs	Acinetobacter Species (n=19)	Pseudomonas Species (n=19)	Klebsiella Species (n=10)	E.coli (n=08)	Citrobacter Species (n=03)	Enterobacter Species (n=02)	Drugs sensitivity (n=61)
1.	AK	S=08 (42.1%) R=11 (57.9%)	S=16 (84.1%) R=3 (15.8%)	S=5 (50%) R=5 (50%)	S=6 (75%) R=2 (25%)	S=1 (33.3%) R=2 (66.7%)	S=2 (100%) R=0 (0%)	S=38 (62.3%)
2	CAZ	S=08 (42.1%) R= 11(57.9%)	S=16 (84.1%) R=3 (15.8%)	S=6 (60%) R=4 (40%)	S=3 (37.5%) R=5 (62.5%)	S=3 (100%) R=0 (0%)	S=2 (100%) R=0 (0%)	S=38 (62.3%)
3.	AMC	S=03 (15.8%) R=16 (84.2%)	S=1 (5.3%) R=18 (94.7%)	S=0 (0%) R=10 (100%)	S=0 (0%) R=8 (100%)	S=0 (0%) R=3 (100%)	S=0 (0%) R=2 (100%)	S=4 (6.5%)
4.	CXM	S=04 (21%) R=15 (79%)	S=2 (10.5%) R=17 (89.5%)	S=0 (0%) R=10 (100%)	S=0 (0%) R=8 (100%)	S=0 (0%) R=3 (100%)	S=1 (50%) R=1 (50%)	S=7 (11.5%)
5.	OF	S=14 (73.7%) R=05 (26.3%)	S=8 (42.1%) R=11 (57.9%)	S=4 (40%) R=6 (60%)	S=0 (0%) R=8 (100%)	S=1 (33.3%) R=2 (66.7%)	S=1 (50%) R=1 (50%)	S=28 (45.9%)
6.	PF	S=13 (68.4%) R=06 (31.6%)	S=8 (42.1%) R=11 (57.9%)	S=3 (30%) R=7 (70%)	S=0 (0%) R=8 (100%)	S=0 (0%) R=3 (100%)	S=1 (50%) R=1 (50%)	S=25 (41%)
7.	NET	S=09 (47.3%) R=10 (52.7%)	S=11 (57.9%) R=8 (42.1%)	S=4 (40%) R=6 (60%)	S=6 (75%) R=2 (25%)	S=1 (33.3%) R=2 (66.7%)	S=02 (100%) R=0 (0%)	S=33 (54%)
8.	GEN	S= 07(36.8%) R=12 (63.2%)	S=13 (68.4%) R=6 (31.6%)	S=6 (60%) R=4 (40%)	S=7 (87.5%) R=1 (12.5%)	S=0 (0%) R=3 (100%)	S=02 (100%) R=0 (0%)	S=35 (57.4%)
9.	LOM	S=14 (73.7%) R=05 (26.3%)	S=10 (52.6%) R=9 (47.4%)	S=5 (50%) R=5 (50%)	S=3 (37.5%) R=5 (62.5%)	S=1 (33.3%) R=2 (66.7%)	S=1 (50%) R=1 (50%)	S=34 (55.7%)
10.	CIP	S=11 (57.9%) R=08 (42.1%)	S=12 (63.2%) R=7 (36.8%)	S=5 (50%) R=5 (50%)	S=2 (25%) R=6 (75%)	S=0 (0%) R=3 (100%)	S=1 (50%) R=1 (50%)	S=31 (50.8%)
11.	CTX	S=04 (21%) R=15 (79%)	S=12 (63.2%) R=7 (36.8%)	S=1 (10%) R=9 (90%)	S=1 (12.5%) R=7 (87.5%)	S=1 (33.3%) R=2 (66.7%)	S=02 (100%) R=0 (0%)	S=21 (34.4%)
12.	CPZ	S=02 (10.5%) R=17 (89.5%)	S=11 (57.9%) R=8 (42.1%)	S=0 (0%) R=10 (100%)	S=0 (0%) R=8 (100%)	S=1 (33.3%) R=2 (66.7%)	S=02 (100%) R=0 (0%)	S=16 (26.2%)

Padrão de suscetibilidade de todos os organismos Gram-negativos isolados da ETA de PAV Os casos mostraram sensibilidade a AK e CAZ, cada um representando 62,3%, seguidos de GEN (57,4%), LOM (55,7%), NET (54%), CIP (50,8%), OF (45,9%), PF (41%).

GRÁFICO 8: Percentagem do padrão de sensibilidade aos antibióticos de todos os organismos Gram-negativos isolados de aspirados endotraqueais apenas de casos de PAV.

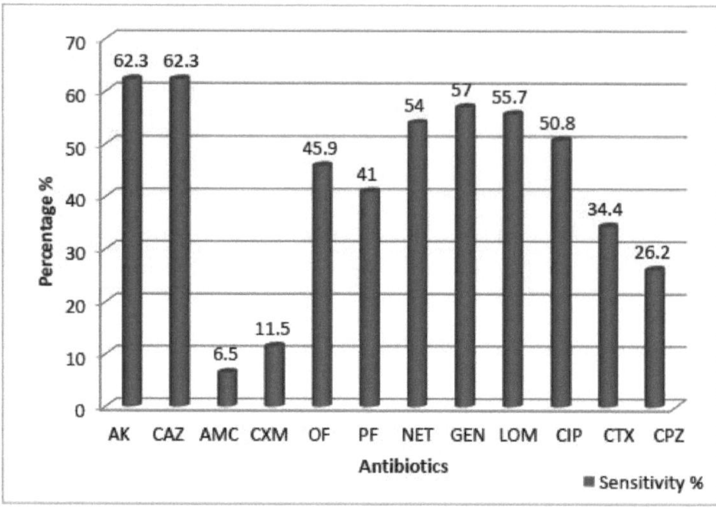

TABELA 12: Percentagem do padrão de sensibilidade aos antibióticos de todos os organismos Gram-positivos isolados de aspirados endotraqueais de apenas casos de PAV.

S.N.	Drogas	Staphylococcus aureus (n=3)	
1.	AS	S=1 (33.3%)	R=2(66.7%)
2.	LM	S=1 (33.3%)	R=2 (66.7%)
3.	AT	S=1 (33.3%)	R=2 (66.7%)
4.	CX	S=2 (66.7%)	R=1 (33.3%)
5.	BA	S=3 (100%)	R=0 (0%)
6.	RP	S=2 (66.7%)	R=1 (33.3%)
7.	TE	S=2 (66.7%)	R=1 (33.3%)
8.	CF	S=1 (33.3%)	R=2 (66.7%)
9.	RC	S=1 (33.3%)	R=2 (66.7%)
10.	QB	S=1 (33.3%)	R=2 (66.7%)
11.	LZ	S=3 (100%)	R=0 (0%)
12.	AMC	S=1 (33.3%)	R=2 (66.7%)
13.	GEN	S=3 (100%)	R=0 (0%)
14.	VA	S=3 (100%)	R=0 (0%)

R=Resistente,
S=Sensível,
n=número total de casos.

O padrão de suscetibilidade de todos os organismos Gram-positivos isolados da ETA de casos de PAV revelou sensibilidade a VA, BA, LZ e GEN, representando cada um 100%, seguido de CX, PR e TE, representando cada um 66,7%, AS, LM, AT, CF, RC, QB e AMC, representando cada um 33,3%.

GRÁFICO 9: Percentagem do padrão de sensibilidade aos antibióticos de todos os organismos Gram-positivos isolados de aspirados endotraqueais apenas de casos de

PAV.

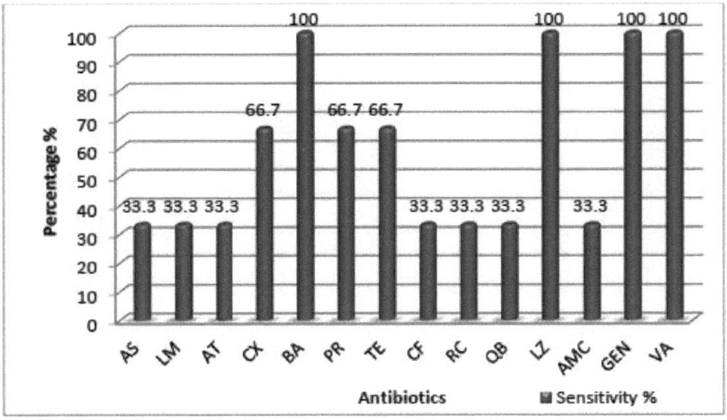

100
90
80
70
60
50
40
30
20
10
0
Percentage %
33.3 33.3 33.3
66.7
100
66.7 66.7
33.3 33.3 33.3
100
33.3
100 100
AS
LM
AT
CX
BA
PR
TE
CF
RC
OB
LZ
AMC
GEN
VA
Antibiotics
Sensitivity %

TABELA 13: Percentagem do padrão de sensibilidade aos antibióticos de todos os organismos Gram-negativos isolados de aspirados endotraqueais de casos de NO-VAP (apenas colonização).

R=Resistente, S=Sensível, n=número total de casos.

S.N.	Drugs	Acinetobacter Species (n=20)	Pseudomonas Species (n=07)	Klebsiella Species (n=12)	E.coli (n=04)	Citrobacter Species (n=01)	Proteus Species (n=01)	Drugs sensitivity (n=45)
1.	AK	S=8 (40%) R=12 (60%)	S=7 (100%) R=0 (0%)	S=5 (41.7%) R=7 (58.3%)	S=4 (100%) R=0 (0%)	S=0 (0%) R=1 (100%)	S=0 (0%) R=1 (100%)	S=24 (53.3%)
2.	CAZ	S=5 (25%) R=15 (75%)	S=5 (71.4%) R=2 (28.6%)	S=7 (58.3%) R=5 (41.7%)	S=1 (25%) R=3 (75%)	S=1 (100%) R=0 (0%)	S=0 (0%) R=1 (100%)	S=19 (42.2%)
3.	AMC	S= 2(10%) R=10 (90%)	S=1 (14.3%) R=6 (85.7%)	S=0 (0%) R=12 (100%)	S=0 (0%) R=4 (100%)	S=0 (0%) R=1 (100%)	S=0 (0%) R=1 (100%)	S=3 (6.7%)
4.	CXM	S= 1(5%) R=19 (95%)	S=0 (0%) R=7 (100%)	S=2 (16.7%) R=10 (83.3%)	S=0 (0%) R=4 (100%)	S=0 (0%) R=1 (100%)	S=0 (0%) R=1 (100%)	S=3 (6.7%)
5.	OF	S=15 (75%) R=5 (25%)	S=3 (42.8%) R=4 (57.2%)	S=8 (66.7%) R=4 (33.3%)	S= 1(25%) R=3 (75%)	S=0 (0%) R=1 (100%)	S=1 (100%) R=0 (0%)	S=28 (62.2%)
6.	PF	S=14 (70%) R=6 (30%)	S=2 (28.6%) R=5 (71.4%)	S=5 (41.7%) R=7 (58.3%)	S=1 (25%) R=3 (75%)	S=0 (0%) R=1 (100%)	S=0 (0%) R=1 (100%)	S=22 (48.9%)
7.	NET	S=9 (45%) R=11 (55%)	S=2 (28.6%) R=5 (71.4%)	S=5 (41.7%) R=7 (58.3%)	S=4 (100%) R=0 (0%)	S=0 (0%) R=1 (100%)	S=0 (0%) R=1 (100%)	S=20 (44.4%)
8.	GEN	S=7 (35%) R=13 (65%)	S=2 (28.6%) R=5 (71.4%)	S=6 (50%) R=6 (50%)	S=4 (100%) R=0 (0%)	S=0 (0%) R=1 (100%)	S=0 (0%) R=1 (100%)	S=19 (42.2%)
9.	LOM	S=15 (75%) R=5 (25%)	S=3 (42.8%) R=4 (57.2%)	S=8 (66.7%) R=4 (33.3%)	S=2 (50%) R=2 (50%)	S=1 (100%) R=0 (0%)	S=0 (0%) R=1 (100%)	S=29 (64.4%)
10.	CIP	S=10 (50%) R=10 (50%)	S=4 (57.2%) R=3 (42.8%)	S=4 (33.3%) R=8 (66.7%)	S=2 (50%) R=2 (50%)	S=0 (0%) R=1 (100%)	S=0 (0%) R=1 (100%)	S=20 (44.4%)
11.	CTX	S=6 (30%) R=14 (70%)	S=3 (42.8%) R=4 (57.2%)	S=2 (16.7%) R=8 (83.3%)	S=1 (25%) R=3 (75%)	S=0 (0%) R=1 (100%)	S=0 (0%) R=1 (100%)	S=12 (26.7%)
12.	CPZ	S=2 (10%) R=18 (90%)	S=4 (57.2%) R=3 (42.8%)	S=2 (16.7%) R=8 (83.3%)	S=0 (0%) R=4 (100%)	S=0 (0%) R=1 (100%)	S=0 (0%) R=1 (100%)	S=8 (17.8%)

O padrão de suscetibilidade de todos os organismos Gram-negativos isolados da ETA dos casos de NO-APV (colonização) mostrou sensibilidade ao LOM (64,4%), seguido do OF (62,2%), AK (53,3%), PF (48,9%), NET e CIP (44,4%), CAZ e GEN (42,2%).

GRÁFICO 10: Percentagem do padrão de sensibilidade aos antibióticos de todos os organismos Gram-negativos isolados de aspirados endotraqueais de casos de NO-VAP (apenas colonização).

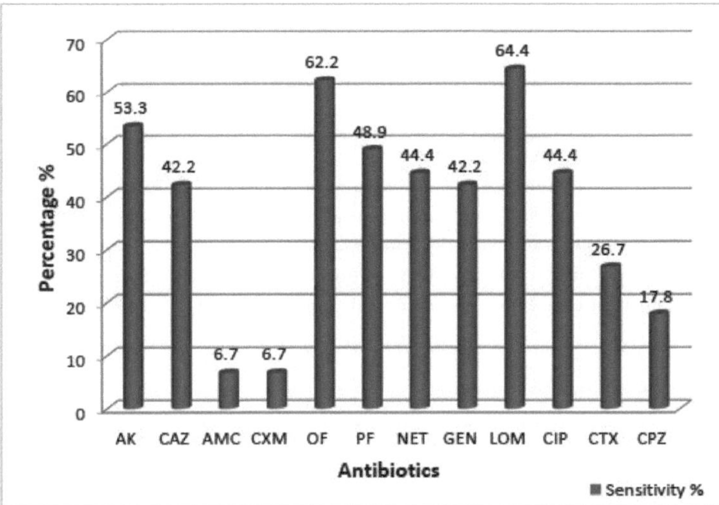

S.N.	Drogas	Espécies de Streptococcus (n=02)	Staphylococcus aureus (n=04)	Espécies de Enterococcus (n=02)	Isolado total (n=8)
1.	AS	S=1 (50%) R=1 (50%)	S=1 (25%) R=3 (75%)	S=0(0%) R=2(100%)	S=2 (25%)
2.	LM	S=2 (100%) R=0 (0%)	S=1 (25%) R=3 (75%)	S=0(0%) R=2(100%)	S=3 (37.5%)
3.	AT	S=1 (50%) R=1 (50%)	S=1 (25%) R=3 (75%)	S=0(0%) R=2(100%)	S=2 (25%)
4.	CX	S=0(0%) R=2 (100%)	S=4(100%) R=0 (0%)	S=0(0%) R=2(100%)	S=4 (50%)
5.	BA	S=0(0%) R=2 (100%)	S=3 (75%) R=1 (25%)	S=0(0%) R=2(100%)	S=3 (37.5%)
6.	RP	S=0(0%) R=2 (100%)	S=3 (75%) R=1 (25%)	S=0(0%) R=2(100%)	S=3 (37.5%)
7.	TE	S=2 (100%) R=0 (0%)	S=1 (25%) R=3 (75%)	S=2 (100%) R=0 (0%)	S=5 (62.5%)
8.	CF	S=0(0%) R=2 (100%)	S=1 (25%) R=3 (75%)	S=0(0%) R=2(100%)	S=1 (12.5%)
9.	RC	S=0(0%) R=2 (100%)	S=1 (25%) R=3 (75%)	S=0(0%) R=2(100%)	S=1 (12.5%)
10.	QB	S=0(0%) R=2 (100%)	S=1 (25%) R=3 (75%)	S=0(0%) R=2(100%)	S=1 (12.5%)
11.	LZ	S=1 (50%) R=1 (50%)	S=4(100%) R=0 (0%)	S=2 (100%) R=0 (0%)	S=7 (87.5%)

12.	AMC	S=2 (100%) R=0 (0%)	S=0(0%) R=4(100%)	S=0(0%) R=2(100%)	S=2 (25%)
13.	GEN	S=1 (50%) R=1 (50%)	S=4(100%) R=0 (0%)	S=0(0%) R=2(100%)	S=5 (62.5%)

R=Resistente, S=Sensível, n=número total de casos.

O padrão de suscetibilidade dos organismos Gram-positivos isolados da ETA dos casos de NO-VAP (colonização) mostrou sensibilidade ao LZ (87,5%), seguido do TE e GEN com 62,5% cada, CX (50%), LM, BA e PR com 37,5% cada.

GRÁFICO 11: Percentagem do padrão de sensibilidade aos antibióticos de todos os organismos Gram-positivos isolados de aspirados endotraqueais de casos sem vap (apenas colonização).

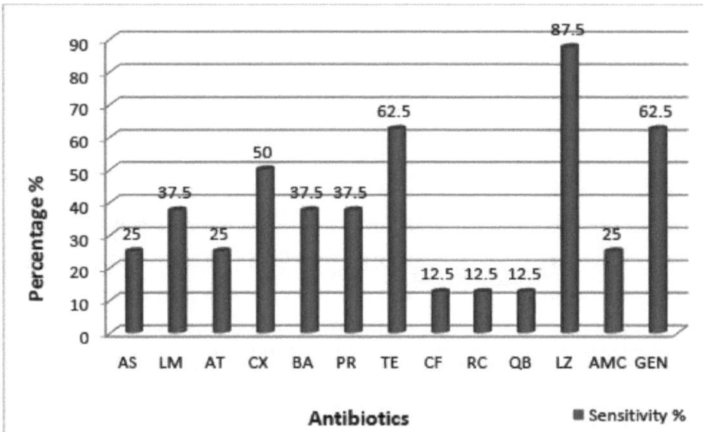

Tabela 15: Factores de risco de PAV.

N.º Sr.	Factores de risco	VAP
1.	Pré-termo com BPN / Sépsis / Doença das membranas hialinas	07
2.	Envenenamento por OP	06
3.	Casos pós-operatórios	08
4.	Doença hepática alcoólica	05
5.	DPOC	10
6.	Infecções virais	07
7.	Diabetes mellitus	04
8.	Meningite	03
9.	Convulsão	02

Os factores de risco mais comuns nestes casos de PAV foram o pré-termo com BPN, a DPOC, os casos pós-operatórios, as infecções virais, o envenenamento por OP, a doença hepática alcoólica e a DM.

7 DISCUSSÃO

O presente estudo é um estudo prospetivo realizado durante um ano, de fevereiro de 2012 a fevereiro de 2013, que incluiu 125 doentes submetidos a Ventilação Mecânica. Os objectivos foram conhecer o perfil bacteriológico da ETA, a frequência da PAV, as bactérias causadoras e o seu padrão de sensibilidade aos antibióticos. Todos os itens acima foram analisados em nosso estudo.

Dos 125 pacientes submetidos a ventilação mecânica, 45 desenvolveram PAV. Assim, a frequência de PAV no presente estudo é de 36% **(Tabela 4)**. Chastre et al., no seu estudo, referiram que a PAV continua a complicar a evolução de 8 a 28% dos doentes submetidos a ventilação mecânica, o que é inferior ao registado nos nossos estudos[65] . Craven Donald, nos seus estudos, afirmou que a taxa de pneumonia aumenta 6 a 21 vezes nos doentes entubados e aumenta ainda mais com a duração da ventilação mecânica e que a incidência de PAV varia entre 6 e 75%, dependendo da população estudada[21] . A frequência do presente estudo está correlacionada com a de outros estudos indianos **(Tabela 16)**. Mas há uma grande variação na frequência em diferentes estudos. A diferença pode dever-se principalmente aos diferentes métodos utilizados para o diagnóstico, à dimensão da amostra e às doenças subjacentes.

Tabela 16: Frequência de PAV em diferentes estudos.

Estudo	Local e estudo	Ano	Incidência
T. Rajasekhar et al [5]	Instituto de Nizam.	2006	73.3%
Armdam Dey et al [40]	Colégio Kasturba, Manipal.	2007	45.4%
Dr. Shalini Tripathi et al [54]	Universidade de Medicina CSM, Lucknow.	2010	30.6%
R.M. Saldanha Dominic et al [42]	Faculdade de Medicina de Kasturba, Manglore.	2012	38.5%
Estudo atual	Faculdade de Medicina M.G.M., Kamothe.	2013	36%

Em nosso estudo, os pacientes que receberam ventilação mecânica apresentaram o número máximo de casos na faixa etária <1 ano 52 casos (41,6%) e 41 a 50 anos 20 casos (20%). Também a incidência de casos de PAV foi máxima no grupo etário de crianças <1 ano 14 casos (31,1%) e 61 a 70 anos 10 casos (22,2%), **(Tabela 6)**. Este facto está correlacionado com Kollef et al. que registaram uma idade média de 68 anos[66] . Até Quintana et al., no seu estudo, registaram uma idade média de 50 anos para a PAV .[67]

O presente estudo mostra 32 (71,1%) homens e 13 (28,9%) mulheres, dos 45 pacientes que desenvolveram PAV. Os nossos resultados são comparáveis aos de Kollef, que, no seu estudo, registou 24 homens e 19 mulheres[66] . Quintana et al, no seu estudo, registaram 82,7% de homens e apenas 17,3% de mulheres[67] **. (Tabela 7)**.

Os factores de risco mais comuns nestes casos de PAV foram o pré-termo com BPN, a DPOC, os casos pós-operatórios, as infecções virais, o envenenamento por OP, a doença hepática alcoólica e a diabetes mellitus. **(Tabela 15)**. Tripathi et al., no seu estudo, referiram que o peso muito baixo à nascença, a prematuridade, a duração da V.M., o número de reintubações e o tempo de permanência na UCIN estavam significativamente associados à PAV[54] . No seu estudo, Chiranjay Mukhopadhyay et al. referiram que os factores de risco significativos para o desenvolvimento de PAVM foram a duração mais longa da VM, a duração mais longa do internamento na UCI, a presença de falência de múltiplos órgãos, a reintubação e o derrame pleural[55] . No seu estudo, João Manoel da Silva Júnior et al.

referiram que a gravidade da doença subjacente dos doentes, a idade avançada, a duração prolongada da VM, a sonda nasogástrica e a sedação prolongada estão associadas a um maior risco de desenvolvimento de PAV .[51]

No nosso estudo, de 45 casos positivos de PAV, 26 casos (57,8%) apresentaram um padrão de crescimento de um único isolado e 19 casos (42,2%) apresentaram um padrão de crescimento de múltiplos isolados, em que 1 caso mostra o crescimento de 3 bactérias diferentes. No nosso estudo, dos 80 casos do grupo NO-VAP (colonização), 35 casos (43,8%) apresentaram um padrão de crescimento de um único isolado, 11 casos (13,7%) apresentaram um padrão de crescimento múltiplo, sendo que 2 casos apresentaram o crescimento de 3 bactérias diferentes e 34 casos (42,5%) não apresentaram crescimento de nenhum organismo. **(Tabela 9)**. Nos seus estudos, Figliolini et al. registaram uma incidência de 52% de infecções monomicrobianas e 48% de infecções polimicrobianas. Nos seus estudos, foram obtidos dois isolados bacterianos diferentes em 34% dos casos, três bactérias diferentes em 8% e quatro bactérias diferentes em 6% dos casos[68] . Quintana et al., em 1991, referiram que, de 264 doentes submetidos a ventilação mecânica durante mais de 48 horas, 25,7% desenvolveram pneumonia e 27,6% destes eram polimicrobianos. O agente patogénico predominante isolado foram os bacilos Gram-negativos (62,6%). A taxa de mortalidade foi de 42% .[69]

Bactérias causadoras:

No presente estudo, as bactérias mais frequentemente isoladas da ETA de casos de PAVM foram as espécies Acinetobacter, Klebsiella, Pseudomonas, Escherichia coli e Staphylococcus auerus **(Tabela 10)**.

No presente estudo, a incidência de espécies de Pseudomonas e de espécies de Acinetobacter foi a mesma, ou seja, 29,2% dos casos de PAV. Quintana et al. registaram uma incidência de 40% de espécies de Pseudomonas[67] . Woeke et al. registaram uma incidência de 10% de espécies de Pseudomonas[70] . Resultados semelhantes foram referidos por Cross e Roup[17] . O presente estudo está correlacionado com outros estudos indianos apresentados no **Quadro 17** abaixo.

No presente estudo, também se observou um padrão de crescimento de múltiplos isolados tanto nos casos de PAV como nos de NO-PAV (colonização), o que é semelhante a outros estudos [5, 40, 43, 55]

Tabela 17: Isolados bacterianos em diferentes estudos.

Estudo	Local e estudo	Ano	Organismo isolado
K.H. Raghwendra et al [43]	Instituto Indra Gandhi, Patna.	2002	Espécies de Pseudomonas, Staphylococcus auerus, espécies de Klebsiella, CONS.
Rajshekar et al [5]	Instituto Nizams, Hyderabad.	2006	Espécies de Acinetobacter, espécies de Pseudomonas, espécies de Klebsiella.
Arindam Dey et al [40]	Manipal.	2006	Espécies de Acinetobacter, espécies de Pseudomonas, espécies de Klebsiella.
Reena Set et al [33]	Mumbai.	2011	Espécies de Klebsiella, espécies de Pseudomonas, espécies de Acinetobacter.
Estudo atual	Faculdade de	2013	Espécies de Acinetobacter,

	Medicina M.G.M, Kamothe.		Klebsiella, Pseudomonas e Escherichia coli.

O presente estudo correlaciona-se com todos os estudos supramencionados, em que os bacilos gram-negativos são as bactérias mais frequentemente isoladas em caso de PAV ou em doentes submetidos a ventilação mecânica.

Padrão de suscetibilidade a antibióticos:

O padrão de sensibilidade aos antibióticos dos organismos mais comuns é comparado entre diferentes estudos:

T. Rajasekhar et al estudo :[5]

As espécies de Acinetobacter foram sensíveis à cefoperazona-sulbactam (100%) e ao imipenem (80%). As espécies de Klebsiella foram sensíveis à cefoperazona-sulbactam (100%), imipenem (100%). As espécies de Pseudomonas foram sensíveis ao imipenem (25%). Os Staphylococcus aureus foram sensíveis à vancomicina (100%).

Estudo de Arindam Dey et al.[40] :

As espécies de Acinetobacter foram sensíveis à cefoperazona-sulbactam (78,2%), ao imipenem (60,8%) e à amicacina (17,3%). As espécies de Klebsiella foram sensíveis à cefoperazona-sulbactam (100%), ao imipenem (100%) e à amicacina (66,6%). As espécies de Pseudomonas foram sensíveis ao imipenem (50%) e à amicacina (16,6%). A Escherichia coli foi sensível à amicacina (100%), ao imipenem (100%), à cefoperazona-sulbactam (100%).

Estudo de Chiranjay Mukhopadhyay et al.[55] :

As espécies de Acinetobacter foram sensíveis à cefoperazona-sulbactam (51%), ao imipenem (24%) e à ciprofloxacina (14%). As espécies de Klebsiella foram sensíveis à amicacina (55%), ao co-trimoxazol (50%), à gentamicina (28%) e à ciprofloxacina (27%). As espécies de Pseudomonas foram sensíveis ao imipenem (70%), cefoperazona-sulbactam (60%), amicacina (40%), ciprofloxacina (40%), gentamicina (14%). A Escherichia coli foi sensível ao imipenem (100%), cefoperazona-sulbactam (100%), amicacina (50%), co-trimoxazol (50%), ciprofloxacina (25%). Os Staphylococcus aureus foram sensíveis à eritromicina (67%), ciprofloxacina (33%), gentamicina (33%).

O presente estudo:

Padrão de suscetibilidade de vários organismos isolados:

O padrão de suscetibilidade de todos os organismos Gram-negativos isolados da ETA de casos de PAV mostrou sensibilidade a AK e CAZ, cada um representando 62,3%, seguido de GEN (57,4%), LOM (55,7%), NET (54%), CIP (50,8%), OF (45,9%) e PF (41%).

O padrão de suscetibilidade de todos os organismos Gram-positivos isolados da ETA de casos de PAV mostrou sensibilidade a VA, BA, LZ e GEN, cada um representando 100%, seguido de CX, PR e TE, cada um representando 66,7%, AS, LM, AT, CF, RC, QB e AMC, cada um representando 33,3%.

O padrão de suscetibilidade de todos os organismos Gram-negativos isolados da ETA dos casos de NO-APV (colonização) mostrou sensibilidade ao LOM (64,4%), seguido do OF (62,2%), AK (53,3%), PF (48,9%), NET e CIP (44,4%), CAZ e GEN (42,2%).

O padrão de suscetibilidade dos organismos Gram-positivos isolados da ETA dos casos de NO-VAP (colonização) mostrou sensibilidade ao LZ (87,5%), seguido do TE e GEN com 62,5% cada, CX (50%), LM, BA e PR com 37,5% cada.

8 RESUMO E CONCLUSÃO

O estudo microbiológico foi efectuado para determinar o perfil bacteriológico da ETA, a frequência da PAV, as bactérias causadoras e o padrão de sensibilidade aos antibióticos dos isolados.

❖ O estudo foi realizado no Departamento de Microbiologia, M.G.M. Medical College, Kamothe, Navi Mumbai. A duração do estudo foi de 1 ano, ou seja, de fevereiro de 2012 a fevereiro de 2013.

❖ Os casos eram provenientes do M.G.M. Hospital, Kamothe, Navi Mumbai.

❖ Foram estudados 125 casos de suspeita clínica de PAV, tendo sido recolhida uma amostra de aspirado endotraqueal.

❖ Dos 125 casos clinicamente suspeitos de PAV, 45 desenvolveram PAV, o que corresponde a uma incidência de 36%.

❖ No nosso estudo, a PAV foi considerada quando a placa de cultura apresentou um limiar de cultura quantitativo de >104cfu/ml.

❖ Os factores de risco mais comuns nestes casos de PAV foram o pré-termo com BPN, a DPOC, os casos pós-operatórios, as infecções virais, o envenenamento por OP, a doença hepática alcoólica e a DM.

❖ A incidência de casos de PAV foi máxima no grupo etário das crianças com menos de 1 ano, ou seja, 14 casos (31,1%) e 10 casos no grupo etário dos idosos com 61 a 70 anos (22,2%), o que mostra que as crianças muito pequenas e os idosos são mais susceptíveis de contrair infecções devido à falta de imunidade.

❖ O nosso estudo mostra que, dos 45 doentes, 32 (71,1%) eram do sexo masculino e 13 (28,9%) do sexo feminino, que desenvolveram PAV.

❖ Dos 45 casos de PAV, 26 casos apresentaram um padrão de crescimento de um único isolado e 19 casos apresentaram um padrão de crescimento de múltiplos isolados com a combinação de dois organismos.

❖ Dos 80 casos do grupo NO-VAP (colonização), 35 casos (43,8%) apresentaram um padrão de crescimento de um único isolado, 11 casos (13,7%) apresentaram um padrão de crescimento múltiplo e 34 casos (42,5%) não apresentaram crescimento de nenhum organismo.

❖ As bactérias Gram negativas foram os organismos mais comuns que causaram PAV no nosso estudo. As espécies de Acinetobacter, Pseudomonas, Klebsiella e Escherichia coli foram as mais frequentemente isoladas da ETA.

❖ O padrão de suscetibilidade de todos os organismos Gram-negativos isolados da ETA de casos de PAV mostrou sensibilidade a AK e CAZ, cada um representando 62,3%, seguido de GEN (57,4%), LOM (55,7%), NET (54%), CIP (50,8%), OF (45,9%) e PF (41%).

❖ O padrão de suscetibilidade de todos os organismos Gram-positivos isolados da ETA de casos de PAV mostrou sensibilidade a VA, BA, LZ e GEN, cada um representando 100%, seguido de CX, PR e TE, cada um representando 66,7%, AS, LM, AT, CF, RC, QB e AMC, cada um representando 33,3%.

❖ O padrão de suscetibilidade de todos os organismos Gram-negativos isolados da ETA dos casos de NO-APV (colonização) mostrou sensibilidade ao LOM (64,4%), seguido do OF (62,2%), AK (53,3%), PF (48,9%), NET e CIP (44,4%), CAZ e GEN (42,2%).

❖ O padrão de suscetibilidade dos organismos Gram-positivos isolados da ETA dos casos de NO-VAP (colonização) mostrou sensibilidade ao LZ (87,5%), seguido do TE e GEN com

62,5% cada, CX (50%), LM, BA e PR com 37,5% cada.

❖ É muito importante ter conhecimento dos organismos susceptíveis de estarem presentes e também do padrão de resistência local na UCI do respetivo hospital. Qualquer estudo individual pode não refletir necessariamente a mesma situação noutros centros semelhantes, uma vez que os organismos incriminados variam entre hospitais.

❖ No nosso estudo, também se verificou que o Acinetobacter, que foi considerado o organismo mais comum a colonizar o local da entubação endotraqueal, também foi o organismo mais comum a ser efetivamente observado como agente patogénico na PAV, o que indica que, se não forem tomadas medidas atempadas para reduzir a colonização dos organismos, os mesmos organismos podem transformar-se em agentes patogénicos reais, conduzindo à infeção

9 APÊNDICE

1. Coloração de Gram: [57, 61]

Violeta cristalino (1%):

Cristal violeta-10 gms

Metanol-200 ml

Oxalato de amónio (1%) -8 gms

Água destilada-800 ml

Iodo:

Iodo-10 gms

Iodeto de potássio-20 gms

Água destilada - 1000 ml

Dissolver o iodeto de potássio em água de lavagem e adicionar o cristal de iodo e depois adicionar água destilada.

Iodo acetona:

Solução-mãe de iodo-	35 ml
Acetona	965 ml
Solução de reserva de iodo acetona	7 gms
Iodo	10 gms
Iodeto de potássio	10 ml
Água destilada-	90 ml
Álcool-	5 gms
Safranina: (solução a 0,5%)	1000 ml
Safranin-	
Água destilada-	

Composição e preparação dos vários meios de comunicação utilizados no nosso estudo:

2. Ágar nutriente: [57, 58]

Extrato de carne de bovino	-	3 gms
Peptona	-	5 gms
Ágar	-	15 gms
Água destilada	-	1000 ml

pH final=6,8

Autoclavar a 121°C durante 15 minutos.

3. Ágar sangue: [57, 61]

Meio de base de ágar sangue -500ml

(Ágar nutriente)

Sangue esterilizado - 20 ml

Esterilizar o meio de base, arrefecer até 48-50°C e adicionar 5% de sangue estéril, de forma asséptica. Rodar para misturar bem e verter em placas de Petri estéreis em quantidades de aproximadamente 20 ml. Quando o ágar estiver endurecido, inverter e incubar uma ou duas placas por lote de 100-200 durante a noite para testar a esterilidade.

Se surgirem bolhas na placa vertida, passar um bico de Bunsen sobre o ágar antes de este endurecer.

4. Ágar chocolate: [57, 61]

O mesmo que o ágar-sangue e depois o meio é aquecido até ficar castanho ou cor de chocolate.

Derreter a quantidade desejada de ágar nutriente, arrefecê-lo num banho de água a 75°C, adicionar 10% de sangue estéril e deixar o meio permanecer a 75°C, misturar o sangue e o ágar por agitação suave de vez em quando até o sangue adquirir uma cor castanha chocolate em cerca de 10 minutos.

5. Ágar Muller Hinton: [57, 58]

Extrato de carne de bovino-	300 gms
Peptone-	17,5 gms
Amido-	1,5 gms
Ágar-	17 gms
Água destilada-	1000 ml

(pH final=7,4)

Suspender o meio em água destilada, misturar bem e aquecer com agitação frequente. Ferver durante cerca de 1 min, dispensar, esterilizar por autoclavagem a 116°C-121°C durante não mais de 15 min e arrefecer colocando imediatamente num banho de água a 50°C antes de verter.

6. Ágar MacConkey: [57, 58]

Peptone-	20 gms
Taurocolato de sódio	5 gms
Água destilada-	1000 ml
Ágar-	20 gms
Solução de vermelho neutro-	3,5 ml
(2% em etanol a 50%)	
Lactose	100 ml
(solução aquosa a 10%)	

Dissolver a peptona e o taurocholate (sal biliar) na água por aquecimento. Juntar o ágar e dissolvê-lo no vaporizador ou na autoclave. Se necessário, limpar por filtração.

Ajustar o pH a 7,5. Adicionar a lactose e o vermelho neutro, que deve ser bem agitado, antes da utilização e misturar. Aquecer no autoclave com vapor livre durante 1 hora, depois a 115°C durante 15 minutos e verter as placas.

7. Meio de ensaio com indole: [57, 58]

Médio:

Peptona- 20gms

Cloreto de sódio- 5gms

Água destilada-1000ml

Ajustar o pH para 7,4 Dispensar e esterilizar por autoclavagem a 121°C durante 15 minutos.

Reagente:

Ehrlich's

P. Dimetil aminobenzaldeído-2gms

Álcool etílico absoluto - 190 ml

HCL concentrado-40 ml

8. Ágar de ferro com açúcar triplo Meio: [57, 58]

Extrato de levedura-3 gms

Peptona-20gms

Glucose-1gms

Lactose-10gms

Sacarose-10gms

Citrato férrico-0 . 3gms

Cloreto de sódio-5gms

Tiossulfato de sódio-0 . 3gms

Ágar-12 gms

Vermelho de fenol, solução a 0,2% - 12 ml

Água destilada - 100 ml

Aquecer para dissolver os sólidos, adicionar a solução indicadora, misturar e tubular. Esterilizar a 121°C durante 15 minutos e arrefecer para formar vertentes com extremidades profundas (3cm).

9. Meio de teste de motilidade: [57, 58]

Extrato de carne de bovino-	3 gms
Gelado de peptona	10 gms
Cloreto de sódio	5 gms
Ágar-	4 gms
Água destilada-	1000 ml

Suspender 22 g de meio desidratado em água e adicionar 0,05 g de trifeniltetrazólio. Aquecer com agitação frequente, ferver 1 minuto para dissolver os ingredientes. Distribuir em tubos de ensaio e esterilizar por autoclavagem a 121°C durante 15 minutos. Conservar à temperatura ambiente.

10. Meio de teste da urease: [57, 58]

Peptone-	1 gms
Glucose-	1 gms
Cloreto de sódio	5 gms
Fosfato monopotássico	2 gms
Vermelho de fenol	0,012 gms
Ágar-	20 gms
Água destilada-	100 ml

Esterilizar a solução de glucose e ureia por filtração.

Preparar o meio basal sem glucose ou ureia, ajustar o pH para 6,68-6,9 e esterilizar por autoclavagem num balão a 121°C durante 30 minutos, arrefecer até cerca de 50°C, adicionar a glucose e a ureia e tubular o meio como declives profundos.

11. Meio de teste de citrato: [57, 61]

- Meio de citrato de Koser 1 litro.

Cloreto de sódio-5 gms

Sulfato de Mg-0 ,2 gms

Di-hidrogenofosfato de amónio-1 gms

Di-hidrogenofosfato de potássio-1 gms
Citrato de sódio-5 gms
Água destilada - 1000 ml

- Ágar-20 gms
- Azul de bromotimol (0,2%) -40 ml

Dispersar, autoclavar a 121°C durante 15 minutos e deixar endurecer em declives.

12. Água de peptona: [57, 61]

Peptona-10 gms
Cloreto de sódio-5 gms
Água destilada - 1000 ml

Dissolver os ingredientes em água morna, ajustar o pH para 7,4-7,5 e filtrar. Distribuir conforme necessário e autoclavar a 121°C durante 15 minutos.

PROFORMA

Nome:
Idade:
Sexo:
Endereço:
História clínica:
Número IP:
Número do laboratório:
Ala:
Data de admissão:
Data da ventilação mecânica:
Duração da ventilação mecânica:
Febre: TLC: DLC:
Achados radiológicos:
Diagnóstico provisório:
Data de alta:

EXAME CLÍNICO:

Geral: Construção e alimentação:
RR:
Temp:
Pulso:
BP:

INVESTIGAÇÃO LABORATORIAL:

Investigação microbiológica:

1) Exame direto - coloração com grama:
2) Cultura em ágar MacConkey:
- Ágar sangue
- Ágar chocolate:
3) Reacções bioquímicas:
4) Bactérias isoladas:
5) Antibiograma:

RELATÓRIO:

BIBLIOGRAFIA

1) Harshal Wagh & Devaraja Acharya. Ventilator Associated Pneumonia - An overview. BJMP 2009; 2 (2) 16-19.

2) Noyal Mariya Joseph, Sujatha Sistla et al. Ventilator-associated pneumonia: A review. Jornal Europeu de Medicina Interna 2010; 21: 360-368.

3) Noyal Mariya Joseph, Sujatha Sistla et al. Ventilator-associated pneumonia: role of colonizers and value of routine endotracheal aspirate cultures (Pneumonia associada à ventilação mecânica: papel dos colonizadores e valor das culturas de rotina de aspirado endotraqueal). Jornal Internacional de Doenças Infecciosas 2010; 14: 723-729.

4) Alvaro Rea-Neto, Nazah CM Youssef et al. Diagnóstico de pneumonia associada à ventilação mecânica: uma revisão sistemática da literatura. Critical Care 2008; 12: 56.

5) T Rajasekhar, K Anuradha, T Suhasini, V Lakshmi. The role of quantitative cultures of non-bronchoscopic samples in ventilator associated pneumonia (O papel das culturas quantitativas de amostras não broncoscópicas na pneumonia associada à ventilação mecânica). Indian Journal of Medical Microbiology 2006; 24 (2): 107-113.

6) Chastre J, Fagon JY. Ventilator-associated pneumonia. Am J Respir Crit Care Med 2002; 165 (7): 867-903.

7) Johanson W, Pierce et al. Infecções respiratórias nosocomiais com bacilos Gram-negativos. O significado da colonização do trato respiratório. Ann of Int Med 1972; 77: 701-706.

8) Esperson F, Gabrielsen J. Pneumonia devida a S. aureus durante a ventilação mecânica. J of Inf. Disease 1981; 144: 19-23.

9) Hahn HerBert, Beaty et al. Aspiração transtraqueal na avaliação de doentes com pneumonia. Ann of Int Med 1970; 72: 183-187.

10) Hartstein, Rashad et al. Multiple Intensive Care Unit outbreak of Acinetobacter cacoaceticus subsp anitratus. Resp Infeção e colonização associadas a circuitos de ventilação e sacos de ressuscitação contaminados e reutilizáveis. Am J of Med 1998; 85: 624-631.

11) Hopkins C Cyrus; CAP. Pulmonary disease and disorder; Alfred P Fishman Vol 2, 2nd Edition, Chapter 95; 1988: 1535-1542.

12) Reynold H. Pneumonia e abcesso pulmonar. Harrison's principle of Inf Med. 13th Edition, Capítulo 207: 1064-1068.

13) Seaton et al. Pneumonia, doença respiratória de Crofton e Doughlas, 4th Edição 1995, Capítulo 10: 285-323.

14) Mertz J, Scharrer L et al. A hospital outbreak of K. pneumonia from inhalation therapy with contaminated aerosol solution. Am J Resp Dis 1966; 47: 454-460.

15) Waldemer et al. Pneumonia associada à ventilação mecânica: Etiologia e resultados. Ann Int Med; 70: 520-524.

16) Barlet J, Keefe et al. Bacteriologia da pneumonia adquirida no hospital. Arch Intern Med 1986; 146: 868-871.

17) Cross e Roup. Role of Respiratory assistance devices in endemic nosocomial pneumonia (Papel dos dispositivos de assistência respiratória na pneumonia endémica nosocomial). Am J of Med 1981; 70: 681-685.

18) Baraiber et al. Fator de risco para infeção por A. baumanii em doentes entubados com pneumonia nosocomial. Chest 1997: 1050-1054.

19) Burn Buisson. Etiologia da pneumonia associada ao ventilador. Am Rev of Resp Dis

1998; 147: 533-534.
20) Lanini Paul, Claffey et al. Bacteremic Pseudomonas pneumonia. JAMA 1974; 230: 558-561.
21) Craven Donald. Epidemiology of ventilator associated pneumonia. Chest 2000; 117: 1868-1876.
22) Katsanis G, Spargo et al. Deteção de estirpes de Klebsiella pneumonia e E. coli produtoras de ESBL. J of Clin Micro 1994; 32: 691-696.
23) Merchant, Karnad e Kanbur. Incidence of Nosocomial pneumonia in MICU and general medical ward patients in public hospital in Bombay, India. J of Hosp Inf 1998; 39: 143-148.
24) Ostergaard e Anderson. Etiologia da PAC, Avaliação da aspiração transtraqueal, Hemocultura ou serologia. Chest 1993; 104 (2): 1400-1407.
25) Fang, Fine et al. Etiologias novas e emergentes da PAC com implicações para a terapêutica - Um estudo prospetivo multicêntrico de 359 casos. Medicina 1990; 69: 307316.
26) Kislak et al. Infecções adquiridas no hospital e utilização de antibióticos no hospital da cidade de Boston. The New Eng J of Med 1965; 16: 834-835.
27) Sankaram, Mattana et al. Anomalias laboratoriais em doentes com pneumonia bacteriana. Chest 1997; 111 (3): 595-600.
28) Kurashi et al. Pneumonia bacteriana aguda adquirida na comunidade e pneumonia típica da Arábia Saudita. Thorax 1992; 47 (1): 115-118.
29) Casalta, Piquit et al. Mycoplasma pneumonia, pneumonia após ventilação associada. Am J of Med 1996; 101: (2): 165-169.
30) Graybil J, Marshall L. Pneumonia nosocomial. Um problema grave e contínuo. Am Rev of Resp Dis 1973; 108: 1130-1140.
31) Morehead RS, Pinto SJ. Pneumonia associada ao ventilador. Arch Intern Med 2000; 160:1926-1936.
32) Wikipedia, a enciclopédia livre; Ventilator - Associated Pneumonia: (Link:-en.wikipedia.org/wik/ventilator-associated_pneumonia).
33) Reena Set, Omprakash Bobade, Jayanthi Shastri. Perfil bacteriológico entre os pacientes com pneumonia associada à ventilação mecânica de uma unidade de cuidados intensivos médicos num centro de cuidados terciários em Mumbai. IJPM abril-junho de 2011; 2: 54.
34) George P e Sequiera A. Padrão de sensibilidade antimicrobiana entre organismos que foram isolados dos aspirados endotraqueais de pacientes com pneumonia associada à ventilação mecânica. Journal of Clinical and Diagnostic Research 2010; 10 (4): 3397- 3401.
35) Subhash Chandra Parija, Ventilator-associated pneumonia in a tertiary care hospital in India: role of multi-drug resistant pathogens; J Infect Dev Ctries 2010; 4 (4): 218-225.
36) Chandrakanth C. Incidência de pneumonia associada ao ventilador. Revista Internacional de Investigação Médica e Clínica, 2010; 1 (2): 11-13.
37) Rakshit P, Nagar VS, Deshpande AK. Incidence, clinical outcome, and risk stratification of ventilator-associated pneumonia - a prospective cohort study. Indian J Crit Care Med 2005; 9(4):211-216.
38) Khan FG, Rattan A, Khan IA, Kalia A. Nova Deli, Índia. Study of Pseudomonas aeruginosa causing ventilator associated pneumonia. Indian J Med Res. 1998; 2, 107: 68-74.
39) Pawar M, Mehta Y, Khurana P et al. Ventilator-associated pneumonia: Incidence, risk factors, outcome, and microbiology. J Cardiothorac Vasc Anesth. 2003; 2, 17(1): 22-8.
40) Arindam Dey e Indira Bairy; KMC, Manipal. Incidência de organismos multirresistentes que causam pneumonia associada à ventilação mecânica num hospital de cuidados terciários:

Um estudo prospetivo de nove meses. Ann Thorac Med. 2007 Apr-Jun; 2(2): 52-57.

41) Jakribettu RP, Boloor R. Caracterização de bactérias aeróbias isoladas do aspirado endotraqueal em pacientes adultos com suspeita de pneumonia associada à ventilação mecânica num centro de cuidados terciários em Mangalore. Saudi J Anaesth 2012; 6:115-9.

42) R.M. Saldanha Dominic, H.V. Prashanth, Shalini Shenoy, Shrikala Baliga. Um estudo clínico-microbiológico da pneumonia associada à ventilação mecânica num hospital de cuidados terciários. Int J Biol Med Res. 2012; 3(2):1651-1654.

43) Raghwendra KH, Xess A, Kumari N, Shahi SK. Microbiological study in patients on mechanical ventilation (Estudo microbiológico em pacientes com ventilação mecânica). Indian J Pathol Microbiol 2002; 45(4):451-454.

44) Albert S, Kirchner J, Thomas H, Behne M, Schur J, Brade V. Alemanha. Role of quantitative cultures and microscopic examinations of endotracheal aspirates in the diagnosis of pulmonary infections in ventilated patients. J Hosp Infect. 1997 Sep; 37(1):25-37.

45) Lippincott Williams & Wilkins, Áustria. Pneumonia Associada à Ventilação: Resultados. Crit Care Med. 2005; 33 (4):756-759.

46) F.Alvarez-Lerma, Espanha. Modificação do tratamento antibiótico empírico em pacientes com pneumonia adquirida na unidade de cuidados intensivos. Intensive Care Med. maio de 1996; 22(5): 387-94.

47) Michel F, Franceschini B, Berger P, Arnal JM, Gainnier M, Sainty JM et al. Early antibiotic treatment for BAL-Confirmed ventilator-associated pneumonia. Chest 2005; 127(2): 589-597.

48) Fernando G. Rios1, Carlos. M. Luna2, Bernardo Maskin1, Alicia Saenz Valiente1, Moserrat Lloria2, Sebastian Gando2, Carlos Sosa2, Sebastian Baquero2, Candela Llerena3, Cristina Petrati3, Carlos Apezteguia1. Argentina. ERJ Pneumonia associada ao ventilador (PAV) devido a microorganismos susceptíveis apenas à colistina. Express. Publicado em 15 de maio de 2007 como doi:
10.1183/09031936.00156906.

49) Ilknur Erdem, Asu Ozgultekin, Asuman Sengoz Inan, Emine Dincer, Guldem Turan, Nur Akgun. Incidência, Etiologia e Padrões de Resistência aos Antibióticos de Microrganismos Gram-Negativos Isolados de Pacientes com Pneumonia Associada à Ventilação numa Unidade de Cuidados Intensivos Médico-Cirúrgicos de um Hospital Universitário em Istambul, Turquia (2004 - 2006). Jpn. Jpn. Infect. Dis., 2008; 61: 339-342.

50) Mahshid Talebi Taher, Seyed Ali Javad Mousavi, Habib Malek Pour. Teerão, Irão. Pneumonia associada à ventilação mecânica: microbiologia e identificação do padrão de resistência antimicrobiana pelos métodos de disco-difusão e teste E. Jornal Iraniano de Doenças Infecciosas Clínicas 2008; 3(1):13-18.

51) Joao Manoel da Silva Junior, Ederlon Rezende, Edvaldo V. dos Campos, Luiz Andre Magno, Lrvia Consorti. Análise Epidemiológica e Microbiológica de Pacientes com Pneumonia Associada à Ventilação em um Hospital Público de Ensino, Brasil. Brazilian Journal of Infectious Diseases (BJID) 2007; 11(5):482-488.

52) Luna CM e colegas; Ventilator - Associated Pneumonia: Literature Review. Chest 1997; 111:676-85.

53) Ranjit S, Bhattarai B. Incidence and risk factors for ventilator-associated pneumonia in Kathmandu University Hospital. Kathmandu Univ Med J 2011; 33(1)28-31.

54) Dr. Shalini Tripathi, Dr. G. K. Malik, Dr. Amita Jain e Dr. Neera Kholi. Estudo da Pneumonia Associada ao Ventilador na Unidade de Cuidados Intensivos Neonatais:

caraterísticas, factores de risco e resultados. Internet Journal of Medical Update 2010 January;(5): 12-19.

55) Chiranjay Mukhopadhyay, Sushma Krishna, Anitha Shenoy, K. Prakashini. Corroboração clínica, radiológica e microbiológica para avaliar o papel do aspirado endotraqueal no diagnóstico de pneumonia associada à ventilação mecânica numa unidade de cuidados intensivos de um hospital de cuidados terciários, Índia. Int J Infect Control 2010 v6:i2.

56) El Sohl, Lilibeth A Pineda e Corey R Mankowsky. Diagnostic yield of quantitative endotracheal aspirates in patients with severe nursing home-acquired pneumonia. Critical care 2007, Vol 11, No 3, R57.

57) Monica Cheesbrough; District Laboratory Practice in Tropical Countries; Ed. 2nd ; Pg. 36.

58) Koneman's colour atlas and textbook of diagnostic microbiology. 6th edn., Lippincott Williams and Wilkins, Philadelphia 2006.

59) Bailey and Scott's, Diagnostic Microbiology, 12th edition, Betty A.Forbes, Daniel F. Sahm, Alice S. Weissfeld. Mosby Elsevier 2007. Capítulo 13, Pg. 216-247.

60) Ananthanarayan, Paniker; Textbook of Microbiology; ed. 8th ; Pg. 672-675.

61) Collee, Fraser et al. Mackie e McCartney. Practical Medical Microbiology 1996; 14th Edition.

62) Performance Standards for Antimicrobial Disk Susceptibility Tests2006; ed. 9th ; M2-A9; Vol. 26; No.1.

63) Bauer, Kirby, Sherris e Turck, 1966, Am. J. Clin. Path., 45: 493.

64) Normas de desempenho dos testes de suscetibilidade de discos antimicrobianos. CLSI Vol. 32; No.3, Jan 2012.

65) Chastre J, Fagon J Y. Ventilator associated pneumonia. Am J Resp Crit Care Med 1002; 165(7): 867-903.

66) Kollef M. et al. Ventilator associated pneumonia. JAMA 1993; 270: 1965- 1970.

67) Rello J, Quintana et al. Incidência, etiologia e resultados da pneumonia nosocomial em pacientes com ventilação mecânica. Chest 1991; 100 (2); 439-444.

68) Combes A, Figliolini et al. incidence and outcome of polymicrobial Ventilator associated pneumonia. Chest 2002; 121(5): 1390-1391.

69) Puri, Talwar et al. Prevalência de resistência antimicrobiana entre isolados respiratórios do H. influenza em crianças. 5th Conferência Nacional sobre Infeção Hospitalar 1998: 17-31.

70) Woeske H J, Roding et al. Ventilator associated pneumonia in SICU. Epidemiologia, etiologia e comparação de três métodos broncoscópicos para amostragem de amostras microbiológicas. Crit Care 2001; 5(3): 167-173.

MIX
Papier aus verantwortungsvollen Quellen
Paper from responsible sources
FSC® C105338

ooks on Demand GmbH, Norderstedt / Germany